Urte Biallas

Bodenarbeit

Urte Biallas

Bodenarbeit

Die Reitschule

Impressum

Einbandgestaltung: Sven Rauert

Titelbild: Müller Rüschlikon Verlag

Bildnachweis:
Urte Biallas: S. 90
Holger Lange: S. 14
Marco Regler: S. 7, 26, 27, 28, 31, 37, 39, 40, 41, 62 2 x oben, 80, 86, 87, 88
Alle übrigen Fotos stammen von Peter Wiesenfarth.

Alle Angaben in diesem Buch wurden nach bestem Wissen und Gewissen gemacht. Sie entbinden den Pferdehalter nicht von der Eigenverantwortung für sein Tier. Für einen eventuellen Missbrauch der Informationen in diesem Buch können weder die Autorin noch der Verlag oder die Vertreiber des Buches zur Verantwortung gezogen werden. Eine Haftung für Personen-, Sach- und Vermögensschäden ist ausgeschlossen.

ISBN 978-3-275-01708-9

Copyright © 2009 by Müller Rüschlikon Verlag
Postfach 103743, 70032 Stuttgart
Ein Unternehmen der Paul Pietsch Verlage Gmbh+Co
Lizenznehmer der Bucheli Verlags AG, Baarerstr. 43, CH-6304 Zug

1. Auflage 2009

Sie finden uns im Internet unter www.mueller-rueschlikon-verlag.de

Lektorat: Claudia König
Innengestaltung: Kerstin Diacont
Druck und Bindung: KoKo Produktionsservice, 70900 Ostrava
Printed in Czech Republic

Vorwort

Das Pferd fasziniert uns Menschen seit der Antike. Etwa 350 v. Chr. verfasste der griechische Philosoph und Heerführer Xenophon seine Reitlehre »Über die Reitkunst«. Seine Grundsätze über die Ausbildung des Pferdes sowie des Reiters haben bis heute Gültigkeit. Xenophon forderte dazu auf, das Pferd als Partner zu sehen. Das Pferd musste gut behandelt werden, da man sich im Krieg und in Notsituationen zu hundert Prozent darauf verlassen können musste. Xenophon lehnte Gewalt strikt ab; Belohnung war für ihn die wichtigste Ausbildungshilfe[1].

Heute, wo Pferde vom Transportmittel und Arbeitstier zum Sport- und Freizeitpartner geworden sind, gilt dieses Prinzip der Gewaltlosigkeit umso mehr.

Einige Pferdemenschen streben nach Turniersiegen und hoher Leistung, andere träumen von schönen Erlebnissen und wortlosem Verstehen mit ihrem vierbeinigen Freund und leider viel zu viele wären schon froh, sie könnten ihren rüpeligen Frechdachs ohne Angst von der Koppel führen. Allen gemeinsam ist wohl der Wunsch, harmonisch und ohne Gewalt mit dem Pferd als Partner Freude und Erfolgserlebnisse zu genießen.

Ich traf viele Menschen und ihre Pferde, die dieses Ziel erreicht hatten und ein schönes Bild abgaben. Leider sah und sieht man noch genug ungute Beispiele: vom ehrgeizigen Kind, das sein längst resigniertes Pony ungeduldig hinter sich herzerrt bis zum lebensgefährlich steigenden Pferd, wenn eine Horde zu allem entschlossener »Fachleute« einem unbedarften Pferdebesitzer beim Verladen »hilft«. Diese Situationen entstehen oft einfach aus Unüberlegtheit, Ungeduld und fehlendem Fachwissen.

Im Laufe der Zeit durfte ich einigen Pferd-Mensch-Paaren dabei helfen, ihre Probleme zu lösen und besser zusammenzuwachsen. Mit diesem Buch möchte ich meine Erfahrungen weitergeben. Es soll helfen, Pferdeverstand und Gefühl für den vierbeinigen Partner zu schulen und weiterzuentwickeln. Genau hinschauen, fühlen, nachdenken und kommunizieren kann jeder lernen. Bodenarbeit ist ein wunderbares Instrument dazu.

Seit über drei Jahrzehnten teile ich mein Leben mit Pferden. 1983 erfüllte ich mir nach langem Sparen meinen Kindertraum vom eigenen Pony: begeistert hatte ich die Bücher von Ursula Bruns und Lise Gast verschlungen. Ein unkomplizierter, nervenstarker »Ponykumpel« sollte es sein, der mit mir durch dick und dünn gehen würde.

Schließlich fand ich das Gegenteil von unkompliziert bei einem Pferdehändler: Sirky, die immer muntere Arabo-Haflinger-Stute mit der unregelmäßigen Blesse im hellwachen Gesicht. Sie war vier, mager, krummbeinig und nicht mal halterführig. Ich war 17 und so voller Träume und Illusionen, wie man wohl nur in diesem Alter sein kann.

Sirky stand nie länger als ein paar Sekunden auf allen vier Hufen, konnte minutenlang mit durchgedrücktem Hirschhals und herausquellenden Augen ein imaginäres Monster in weiter Ferne anglotzen, ignorierte Menschen, klebte furchtbar an ranghohen Pferden und scheuchte rangniedrige unerbittlich herum.

Sirky wurde meine beste Lehrmeisterin für Konsequenz und Durchhaltevermögen. Den Durchbruch brachten einige Kurse bei der bekannten Reken-Reitlehrerin Barbara Heilmeyer,

---

[1] http://de.wikipedia.org/wiki/Über_die_Reitkunst

die unter anderem Bodenarbeit nach der TTEAM®-Methode von Linda Tellington-Jones lehrt.

1996 fand mich die Islandstute Sída, klein und fein, ein ängstliches, traumatisiertes Importpferd. Sprüche von Reiterkollegen aus unserer Anfangszeit beschreiben sie recht gut: »Können Pferde eigentlich depressiv werden?« »Das Pony sieht aus wie unter Valium, total weggebeamt.« Das Instrument »freundliches Loben« bekam einen besonderen Stellenwert, um Sídas Selbstbewusstsein zu stärken. Ein so traumatisiertes Pferd braucht die absolute Zuverlässigkeit und Berechenbarkeit seines Menschen, um Vertrauen aufbauen zu können. Sie forderte mir als impulsivem, energischem Menschen Ruhe und Selbstbeherrschung ab. Es dauerte einige Jahre, bis sie vom depressiven Nervenbündel mit Sorgenfalten über den Augen zu einem fröhlichen, menschenbezogenen Pony wurde, das alle Aufgaben zuverlässig und mit Elan lösen möchte.

Ich wünsche Ihnen viel Freude und Aha-Erlebnisse bei der Lektüre und glückliche und entspannte Momente mit Ihrem Pferd.

Ihre

Urte Biallas

Einleitung

Einleitung

Was ist eigentlich Bodenarbeit?

Im weitesten Sinne alles, was der Reiter auf der Erde mit seinem Pferd ohne auf ihm zu sitzen tut. Der Begriff »Bodenarbeit« hat sich jedoch für Führübungen mit und ohne Hindernisse und für Schrecktraining etabliert und darum geht es in diesem Buch.

Für Bodenarbeit gibt es viele gute Gründe, dagegen eigentlich keine! Sie ist für jedes Pferd geeignet, egal ob groß, klein, jung, alt, cool oder hysterisch, faul oder temperamentvoll, Dressur- oder Westernpferd, Geländepartner oder Tölter.

In den letzten Jahrzehnten tauchten eine Unmenge »Methoden« für die Bodenarbeit auf. Fast jede Methode stilisiert ihren Erfinder zum »Guru«, benutzt ihr eigenes, nur für Insider nach x Kursbesuchen und Buchkäufen zu verstehendes Vokabular und geht natürlich nicht ohne ihre ganz besondere Ausrüstung. Die meisten dieser Methoden funktionieren recht gut, weil sie von erfahrenen Pferdemenschen entwickelt wurden, die sich an bewährte Grundsätze der Pferdeausbildung halten. Kursbesuche und Bücher erweitern den Horizont. Ob man sich unreflektiert an einem Schema festhalten oder lieber auf Grundlagenwissen aufbauen und denkend eigene Wege gehen möchte, muss jede(r) für sich selbst entscheiden.

Dieses Buch lehrt keine »Methode« und propagiert keinen »Guru«, sondern richtet sich nach dem natürlichen Pferdeverhalten. Es soll für den mitdenkenden Pferdemenschen eine Anleitung zum Selbsthinschauen und Fühlenlernen sein.

Bei der Bodenarbeit begegnen sich Pferd und Mensch auf gleicher Ebene, bewältigen gemeinsam vielseitige Aufgaben und lernen dabei aufeinander zu achten und durch Körpersprache zu kommunizieren. Bodenarbeit ist eine wunderbare Möglichkeit, sich intensiv mit seinem Pferd zu beschäftigen und so eine vertrauensvolle Beziehung aufzubauen.

Die Ausbildung des Pferdes am Boden beginnt eigentlich schon beim täglichen Umgang, beim Führen, Von-der-Koppel-Holen oder am Putzplatz. Man belohnt erwünschtes Verhalten und ignoriert oder unterbindet alle Verhaltensmuster, die man nicht will. Wichtig dabei ist, konsequent und verlässlich in seinen Reaktionen zu bleiben. Ein bewusster, souveräner und freundlicher Umgang fördert Mitdenken und Motivation des Pferdes und schafft eine entspannte Lernatmosphäre. Für den Einstieg eignen sich Übungen im täglichen Umgang wie z.B. »Stehen bleiben« am Putzplatz. Das Pferd soll lernen, ruhig und entspannt, aber aufmerksam stehen zu bleiben, nicht zu scharren, nicht mit dem Kopf zu schlagen, nichts anzufressen und nicht herumzuzappeln.

Die Steigerung dieses bewussten Umgangs ist die gezielte Bodenarbeit.

Bodenarbeit für alle

Bodenarbeit macht Spaß, aber ist nicht nur Selbstzweck:

Jungpferde

Bei der Grundausbildung am Boden lernt – unabhängig von der späteren Reitweise – idealerweise schon das Jungpferd die wichtigsten Verhaltensregeln: Geduld, Gehorsam und Aufmerksamkeit, Körperkoordination, Konzentrationsfähigkeit wie auch die Fähigkeit, auf feine Stimm-, Gerten- und Körpersignale des Menschen zu reagieren. Das Pferd wird gelassener und lernt mitzudenken.

Reitpferde

Reitpferde schätzen die Abwechslung im täglichen Training. Ein gut am Boden gearbeitetes Pferd bringt alle Voraussetzungen für »weiterführende Aufgaben« mit, zum Beispiel Zirkuslektionen, klassische Handarbeit oder Doppellongenarbeit. Neue Lektionen fürs Reiten, zum Beispiel geschlossenes Stehen und Seitengänge, kann man auch als nicht so versierter Reiter sehr gut vom Boden aus erarbeiten, da man jeden Schritt sieht und kontrollieren kann.

Unreitbare Pferde

Beschäftigung mit dem Pferd ohne Reitergewicht: Pferde, die nicht (mehr) geritten werden können, wie ältere Tiere mit gesundheitlichen Einschränkungen, Rekonvaleszenten, die langsam wieder antrainiert werden sollen, oder zu klein gewordene Kinderponys freuen sich über Beschäftigung und Aufmerksamkeit und bleiben geistig und körperlich beweglich.

Vorteile für Menschen

Während der Bodenarbeit kann sich das Pferd seinen Trainer genau ansehen. Es registriert jede Bewegung und reagiert sofort auf Unsicherheiten und unklare Signale.

Diese direkte Rückmeldung schult beim Menschen Disziplin, Körperbewusstsein, Flexibilität und Konzentrationsvermögen. Der Mensch bekommt quasi gratis nebenher eine Menge Selbsterfahrung und lernt vorausschauendes Denken und geduldiger zu werden. Nicht ohne Grund werden für Manager und Führungskräfte Seminare zur Persönlichkeitsentwicklung mit Pferden angeboten.

Jeder kennt diese Tage, an denen die Zeit oder die Energie fürs Reiten fehlt. Eine Viertelstunde konzentrierte Bodenarbeit kann man auch mal zwischendurch mit ungeputztem Pferd einschieben. Trainieren Sie nur, wenn Sie nicht im Zeitdruck sind oder unter Stress stehen und sicher sind, dass Sie gelassen und geduldig bleiben können! Statt eines langweiligen Tages für das Pferd und ein schlechtes Gewissen beim Menschen gibt es dann für beide ein positives Erlebnis und Zufriedenheit.

Der Reiter, der sein Pferd vom Boden aus beim Laufen beobachtet, kann Unregelmäßigkeiten in der Bewegung erkennen und ggf. eine Untersuchung veranlassen oder gezielte Übungen gegen Verspannungen einsetzen.

Ziele der Bodenarbeit

Ziele der Bodenarbeit sind:
- Motivation zur freudigen Mitarbeit, Konzentrationsförderung
- Sensibilität des Pferdes verbessern
- Rangordnung klären und Sicherheit geben
- das Pferd zum »Verlasspferd« ausbilden
- Muskulatur aufbauen, Fehlhaltungen korrigieren, Gymnastizierung
- in sicherem Umfeld den Umgang mit Stresssituationen erlernen
- Problempferde/Problemfelder korrigieren (Hängertraining, laute Geräusche, Schreckhaftigkeit, »Büffeligkeit«)
- Grundlage schaffen für schöne Erlebnisse ohne Angst und Stress mit einem gut erzogenen Pferd: zum Beispiel Packpferde-Wandern, Schwimmen mit Pferd ...

1 Einführung in das Pferdeverhalten

1. Einführung in das Pferdeverhalten

Fluchttier, Beutetier, Herdentier

Wildpferde als Beutetiere brauchen zum Überleben den Schutz der Herde. In der Herde haben Pferde eine feste Rangordnung, die auf Respekt und Vertrauen baut. Untergeordnete Tiere orientieren sich am Verhalten des Alphatiers, das in der Regel die Leitstute ist. Dieses Leitpferd ist immer wachsam, gibt das Signal zur Flucht und läuft voran. Um ihm vertrauensvoll zu folgen, muss sich die Herde in seiner Obhut absolut sicher fühlen. Unser Hauspferd ist auch nach fünftausend Jahren der Domestikation ein Fluchttier geblieben – eines unserer größten Probleme im Umgang mit ihm.

Kommunikation mit Artgenossen

Primäres Merkmal eines ranghohen Tieres ist, dass rangniedere Tiere weichen müssen. Leitstute oder Leithengst benötigen dazu im besten Fall nur ihre reine Präsenz, höchstens noch einen auffordernden Blick oder einmal kurz angelegte Ohren. Der pferdige Chef weist seinen Untergebenen zurecht, wenn er zum Beispiel an seinem Futterplatz steht oder ihm unerlaubt zu nahe kommt, also seine Individualdistanz unterschreitet. Viele rangniedrige Pferde testen immer wieder aus, wie weit sie gehen können. Zuerst gibt der Ranghöhere feine Signale, wie ein kurzes Kopfschlenkern oder ein genervtes Schweifschlagen mit leicht angelegten Ohren. Weicht das rangniedrige Pferd nicht sofort aus, wird der Chef deutlicher – er stürzt sich mit flach angelegten Ohren und offenem Maul auf den Frechdachs oder hebt ein Hinterbein zum Schlag. Von Frustsituationen auf zu engem Raum, zu wenigen Futterplätzen oder nicht zusammenpassenden

Pferdegruppen abgesehen, werden ranghöhere Pferde ihre untergebenen Herdenmitglieder weder verletzen noch terrorisieren.

Daran erkennt man, dass sich Respekt und Vertrauen im Verhältnis des Herdenmitglieds zum Leitpferd gegenseitig voraussetzen.

Kommunikation zwischen Pferd und Mensch

Für den Menschen ist die Rangordnung sehr praktisch. Sieht das Pferd ihn als ranghöher an, respektiert es seine Kommandos und vertraut ihm auch in schwierigen oder gefährlichen Situationen. Pferde folgen bereitwillig demjenigen, der ihnen, wie das Leitpferd, Sicherheit bietet und vom richtigen Weg überzeugt ist. Schafft es der Mensch allerdings nicht, durch Souveränität zum Chef aufzusteigen, übernimmt das Pferd die Führungsrolle.

Die Präsenz des Leitpferdes zu erreichen sollte unser Ziel sein. Souveränität, Konsequenz, Ruhe und Gelassenheit bauen Vertrauen im Pferd auf. Werden Sie zur Führungspersönlichkeit Ihres Pferdes.

Merksatz:

Ich, als dein Chef, habe die angebliche Gefahr überprüft und sage: »Die Situation ist harmlos!«

Pferde testen die Führungsqualitäten eines Menschen ganz subtil. Auch die einmal erreichte Leitposition wird immer mal wieder in Frage gestellt. Ein Schrittchen hier, ein bisschen Knibbeln an der Tasche und dann noch kurz anrempeln und wegschubsen. Sie versuchen, den Menschen beim Führen oder beim Neben-ihm-

Stehen von seiner Position abzudrängen. Statt gehorsam stehen zu bleiben, dringen sie in den Individualraum ein oder hampeln herum, bis der Mensch einen Schritt zur Seite geht und dem Pferd seine Position überlässt. Das Pferd führt Sie – und Sie haben nichts gemerkt! Auch das vermeintlich freundschaftliche Anstupsen oder Kopfreiben ist nichts anderes als ein Zeichen dafür, dass Ihr Pferd Sie nicht als Chef anerkennt. Bleiben Sie konzentriert und behaupten Sie Ihre Stellung im täglichen Umgang. Beim Ausmisten oder beim Weideabsammeln lassen Sie es beiseite treten, statt um das Pferd herumzugehen. Wenn Sie mit der Futterschüssel kommen, lassen Sie das Pferd einen Schritt zurücktreten. Geben Sie das Futter erst, wenn es mit freundlichem Gesichtsausdruck höflich wartet. Achten Sie darauf, beim Von-der-Weide-Holen, beim Putzen, Satteln, Füttern etc. ... hier ein bisschen »Weichen lassen«, da ein bisschen »Hallo Wach« einzuschieben.

Soziale Fellpflege

Das Pferd als Herdentier ist auf das Miteinander mit seinen Artgenossen angewiesen. Gegenseitige Fellpflege dient der Kommunikation, fördert das Vertrauen zueinander und das Gefühl der Zusammengehörigkeit.

Kraulen beruhigt

Soziale Fellpflege verlangsamt den Herzschlag des Pferdes um einige Schläge[2]. Die Lieblingsstelle vieler Pferde ist der Mähnenkamm kurz hinter dem Widerrist. Die Rangordnung bedingt, dass meist der Ranghöhere dem Rangniedrigen das Kraulen anbietet. Unter Freunden fragt auch der Rangniedrige behutsam nach, ob sein ranghöherer Kumpel Lust zum Fellkraulen hat.

Sozialkontakt zwischen Mensch und Pferd darf also auch vom Pferd ausgehen. Zum Beispiel so, dass Ihr Pferd Sie »bittet«, es zu kraulen, indem es sich vor Sie hinstellt und sich dort mit dem Maul kratzt, wo es juckt oder sich kraulfertig positioniert. Die vermeintliche »Drohung«, wenn das Pferd sich langsam mit dem Hintern zu Ihnen einrangiert, heißt dann also: »Bitte Schweifrübe kratzen.«

Kraulen Sie mit einer Hand, können Sie die andere Hand zum Zurückkraulen anbieten. Natürlich ist nur knabbeln mit der Oberlippe erlaubt! Vergisst sich das Pferd und nimmt die Zähne, hören Sie sofort mit Kraulen auf. Selbstverständlich können Sie eine »Kraulaufforderung« auch ablehnen, indem Sie sie einfach ignorieren.

»Mamas Liebling«

Das eigene Pferd, geliebt, vertraut und natürlich eine ganz besondere Persönlichkeit: Wer bekommt da keine Herzchen in den Augen? Es neutral und unemotional zu betrachten ist schwierig, konsequent zu bleiben leider auch. Wo sich ein fremdes Ausbildungspferd schon längst einen Rüffel eingefangen hätte, darf sich Mamas (oder Papas) Liebling solange kleine Frechheiten herausnehmen, bis Mama dann doch der Kragen platzt. Dafür »knallt« es dann gleich richtig! Wenn Sie sich wiedererkennen (ich leider auch ...), versuchen Sie ab und zu, Ihr Pferd wie ein Außenstehender zu sehen und zu behandeln. Freundlich, aber unbedingt konsequent.

2 Allgemeine Hinweise für das Training

2. Allgemeine Hinweise für das Training

Einführung in die Lernpsychologie

Das Lernzonenmodell (Luckner/Nadler 1997) stammt aus der Lernpsychologie für Menschen und wird häufig in der Erlebnispädagogik verwendet. Seine Aussagen lassen sich gut auf Pferde übertragen und verdeutlichen die Grundvoraussetzungen, die ein Individuum braucht, um überhaupt lernen zu können.

Das Lernzonenmodell unterscheidet drei Bereiche:
- Komfortzone
- Lernzone
- Panikzone

Die *Komfortzone* umfasst den Bereich, in dem wir uns auskennen und sicher fühlen, aber keine großen Fortschritte machen, weil alles altbekannt und vorhersehbar ist. Alles ist bequem und ein bisschen langweilig. Hier sind alle Anforderungen klar und wir können die Aufgaben routiniert lösen.

In der *Lernzone* betreten wir Neuland, wo auch Unerwartetes auf uns zukommt. Es kann Überwindung und Anspannung kosten, diese neuen Wege zu gehen, aber die Anforderungen überfordern uns nicht. Etwas Verunsicherung ist der Beginn jeglichen Lernens. Der Lernende muss sich dabei jedoch zu einem Teil »sicher fühlen« (subjektive Sicherheit). Lernen in Sicherheit schafft Selbstvertrauen! Selbstvertrauen ist eine Voraussetzung, um zu lernen![3]

Panikzone: Hier ist kein Lernen möglich, da wir unbekannten (Extrem-)Situationen ausgesetzt sind, die uns völlig überfordern. Die Grenze zur Panikzone ist individuell von jeder Persönlichkeit abhängig. Jeder kennt wohl dieses Gefühl der totalen Panik, in der man die Lernchancen darin nicht mehr aufgreifen kann. Wir sind negativ gestresst, die Unfallgefahr steigt objektiv an.

Wie lernen Pferde?

Für das Pferd (und uns) heißt es daher: Raus aus der Komfortzone, rein in die Lernzone, aber niemals die Grenze zur Panikzone überschreiten![4]
In der Lernzone wird das Pferd ein bisschen »aufgeweckt«, also mit Neuem konfrontiert. Das kann je nach Persönlichkeit und Erfahrungsschatz des Pferdes vom ersten Schritt über eine bunte Stange auf dem vertrauten Reitplatz bis zum Sprung durchs Feuer reichen. Die Grenze zur Panikzone wird überschritten, wenn die neue Situation das Pferd überfordert, zum Beispiel durch Reizüberflutung, zu hohe Ansprüche oder zu viel Druck des Ausbilders. Trainieren Sie gezieltes Beobachten, ob Ihr Pferd überfordert ist. Richtiges Beurteilen und rechtzeitig einen Gang herunter- oder heraufschalten ist eine grundlegende Voraussetzung für Ihren Trainingserfolg!

Zeichen der Überforderung

Mentale Überforderung beginnt nicht erst, wenn sich ein (Jung-)Pferd offensichtlich wehrt. Beginnt das Pferd herumzuzappeln, in der Gegend herumzugucken, Übungen von selbst anzubieten oder abzuschalten mit hängenden Ohren und abwesendem Blick, ist die Konzentrationszeit schon überschritten. Ein typisches Warnzeichen ist die Kündigung der Mitarbeit: Ein Pferd, das

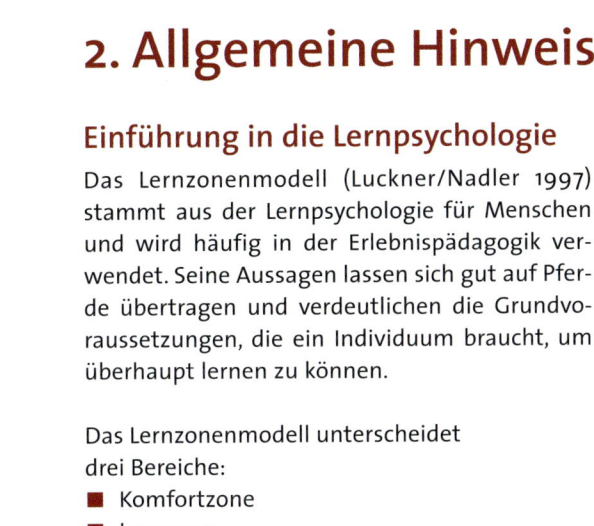

---

[3] www.snowsports.ch/download/sse/forum05_theoriesicherheit_de.ppt
[4] http://www.kphe-kaernten.at/aktu/beri/2008-04-17/2008-04-17%20Jost_Erlebnispaedagogik.htm

sonst freudig angewetzt kam, lässt sich plötzlich auf der Weide nicht mehr einfangen. Das bisher eifrige Pony weigert sich, den Reitplatz zu betreten.

Pferdige Persönlichkeitstypen in der Panikzone

Wie wir Menschen haben Pferde unterschiedliche Strategien, mit Angst und Stress umzugehen. Diese Reaktionen hängen von genetischen und erlernten Faktoren ab. Jede Rasse hat ihre Klischees wie »büffelige Haflinger«, »schreckhafte Araber«, »bierruhige Kaltblüter«, »freche Shettys« usw. usw. Zuallererst jedoch ist jedes Pferd eine individuelle Persönlichkeit, die es verdient hat, auf sie einzugehen!

Besonders Mixe aus hochblütigen mit kaltblütigen Elementen können in ihren Reaktionen schwierig bis unberechenbar sein. Durch konsequente Erziehung und Ausbildung können die meisten zu kooperativen »Spaßpferden« werden. Komplizierte Charaktere sind oft »Einmann-«/»Einfraupferde« und eine lohnende Aufgabe für Fortgeschrittene.

Stresstypen Araber und Vollblüter

Angst und Stress bei unseren hochblütigen Pferdefreunden zu erkennen, ist nicht schwer: Hochgehaltener Kopf, angespannter Hals und weit aufgerissene Augen. Fangen sie dann noch an zu schnorcheln oder die Augen scheinen »herauszuquellen« und man sieht das Weiße, ist die Entscheidung zum »Nix-wie-weg-Hier« nicht mehr weit. Araber und Pferde mit hohem Vollblutanteil stammen nach der Theorie vom sogenannten Urvollblüter ab. Dieses Steppentier entkam seinen Feinden durch schnelle Flucht im Galopp über weite Ebenen. Hals und Kopf wurden hoch getragen, um Feinde besser erspähen

zu können[5]. Hochblütige Pferde sind oft sehr sensibel und lassen sich »mit zwei Fingern« an der Flucht hindern. Dann zappeln sie oder »piaffieren« gar auf der Stelle. Das ist meistens für uns Menschen nicht besonders gefährlich, aber lernen können sie so in der Panikzone nichts.

Stresstypen Warmblüter und Barockrassen

Warmblüter gehen auf den Urtyp »Ramskopfpferd« in Vermischung mit anderen Urtypen zurück. Typische Vertreter des unvermischten Typs sind z.B. der Berber, das Sorraia-Pferd und der Achal Tekkiner. Bei Gefahr wehrte sich das betroffene Tier heftig mit Zähnen und Hufen. Hohe Trittsicherheit und Sprungkraft ermöglichten im Notfall eine rasche Flucht querfeldein. Das etwas stürmische Temperament findet sich heute in manchen großrahmigen Sportpferden wieder.[6]

Groß und stark, mehr oder weniger sensibel und schnell fluchtbereit – da kommt man als kleiner schwacher Mensch schnell an seine Grenzen. Hindert man diesen Pferdetyp an der Flucht, kann es schnell gefährlich werden: Wegspringen, Ausschlagen, Rückwärtsrennen ohne Rücksicht auf Verluste, Steigen oder wildes Kopfschlagen. Je komplizierter sein Charakter und je mehr es sich seiner Stärke bewusst ist, umso besser ausgebildet muss sein Mensch sein. Werden Sie ein unsicheres Gefühl nicht los, holen Sie sich besser professionelle Hilfe bei der Pferdeausbildung, bevor noch ein Unfall passiert!

Stresstypen Ponys und Gebrauchspferderassen

»Der Gaul hat überhaupt keine Angst, der ist nur stur!« Da steht er nun mitten im Schreckparcours, der pummelige Norweger. Scheinbar ruhig, ja teilnahmslos lässt er mit hängendem Kopf

[5/6/7] *http://www.reitereck-ansbach.de/html/pferdekunde.html*

Gebrauchspferde wie zum Beispiel Quarter Horses, Camarguepferde, Isländer und Kaltblüter wurden jahrhundertelang auf Freundlichkeit gegenüber dem Menschen, Nervenstärke und stoisches Ertragen widriger Umstände selektiert. Besitzer solcher »Robusten« müssen lernen, ganz genau auf Stressanzeichen zu achten. Einfühlsame Beobachtung kann Ihrem Pony oder Pferd sogar das Leben retten: Besonders Robustponys zeigen wenig Schmerzanzeichen und stehen bei Kolik oft nur apathisch herum.

alles über sich ergehen. Pferdemenschen, die an hochblütigere Pferde gewöhnt sind, sagen: »Der hat Nerven wie breite Nudeln!«

Abkömmlinge von Tundrenponys stammen ursprünglich aus moorigen oder unwegsamen gebirgigen Gegenden, wo unüberlegte Flucht tödlich sein konnte. Sie erstarren vor Angst und versuchen, dadurch vom Feind übersehen zu werden.[7]

Wer genau hinschaut, sieht ein Pony in Todesangst: Erst hielt es die Luft an, jetzt ist seine Atemfrequenz auf 50 Atemzüge pro Minute hochgegangen. Über seinen Augen erscheinen Sorgenfalten. Selbst ein eingeknicktes Hinterbein muss nicht heißen, dass es entspannt ist!

Dieses Pony befindet sich in der Panikzone und kann nichts lernen, außer dass der Übungsplatz eine gefährliche Gegend ist, die es in Zukunft lieber meiden sollte.

Wird die »Bedrohung« gar zu schlimm, kann es aus der scheinbaren Ruhe heraus explodieren und alles umrennen, was sich im Weg befindet.

Altersgrenzen?

Ab welchem Alter ist Bodenarbeit möglich? Jungpferde bis drei Jahre sollten auf großen Weiden in der Herde aufwachsen dürfen. Am besten, die Herde besteht aus Pferden aller Altersstufen, dann übernehmen die älteren Pferde die Erziehung des Jungspunds und die jungen toben gemeinsam herum. Grunderziehung durch den Menschen wie Führen, Anbinden, Hufe geben, Putzen und erste kurze (wenige Minuten!) Bodenarbeitsübungen ein- oder zweimal pro Woche sind gut und sinnvoll. Ab ca. drei Jahren ist das Pferd geistig schon reifer und in der Lage, sich etwas länger zu konzentrieren. Bei den meisten Drei- bis Vierjährigen ist die Konzentrationsfähigkeit spätestens nach 20 Minuten vorbei. Beobachten Sie das Pferd genau, und hören Sie beim nächsten Üben rechtzeitig vorher (natürlich mit einem Erfolgserlebnis) auf.

Machen Sie sich einen Plan!

Setzen Sie sich ein Ziel, zum Beispiel: »Mein Pferd soll in jeder Situation ansprechbar bleiben und zuhören.« »Mein Pferd soll lernen, seine Beine kontrolliert vorwärts, rückwärts und seitwärts zu setzen.« »Mein Pferd soll in zwei Monaten an einem Wettbewerb teilnehmen.«

Machen Sie sich einen Plan, wie Sie dieses Ziel systematisch Schritt für Schritt erreichen möchten. Manchen Menschen hilft das Aufschreiben der Zwischenziele oder ein Trainingstagebuch.
Haben Sie das Ziel vor Augen, stellen Sie es sich bildlich vor, zum Beispiel, wie Ihr Pferd perfekt auf winzige Hilfen seitwärts über eine Stange geht. Dann stellen Sie sich den Bewegungsablauf und die Hilfen, die Sie geben, möglichst realistisch vor. Dieses mentale Training zusammen mit der festen Überzeugung »wir schaffen das!« ersetzt negative durch positive Gedanken und verhilft Ihnen zu mehr Erfolgserlebnissen.

Nützliche Merksätze:

Souveränität und freundliche Konsequenz statt Dominanz. Machen Sie Ihr Pferd zum Freund. Geduld heißt, warten können, bis das Pferd verstanden hat! Jedes Pferd hat einen motivierten, freudigen, fachkundigen und disziplinierten Ausbilder verdient!

Gemeinsam oder einsam?

Zusammen mit anderen macht Bodenarbeit Pferd und Mensch mehr Spaß. Junge oder unsichere Pferde fühlen sich anfangs sicherer unter all den schrecklichen bunten Dingen, wenn der gewohnte Kumpel oder ein anderes ruhiges Pferd dabei ist.
Ideal ist ein erfahrenes Führpferd, das über die Hindernisse mit gutem Beispiel vorangeht.

Hat das Pferd kein Vertrauen zum Menschen und klebt eher stark an anderen Pferden, kann es alleine auf dem Übungsplatz in Aufregung oder sogar in Panik geraten. Lernen ist so unmöglich. Je nach Temperament gefährdet es seine oder die Gesundheit des Menschen, wenn es versucht, sich loszureißen, Zäune zu überwinden, wenn es hin und her rennt, schnorchelt und den Menschen ignoriert.

Sprechen Sie Klartext – immer!

Jedes Pferd fühlt sich bei klaren Ansagen am sichersten und wohlsten. Fordern Sie konsequent gutes Benehmen, und integrieren Sie verständliche Regeln in den täglichen Umgang, beim Putzen und Führen, statt nur gelegentlich eine »Bodenarbeitsstunde« zu machen. Ignorieren und korrigieren Sie unerwünschtes Verhalten konsequent, dann wird es seltener und wenn Sie Glück haben, hört es irgendwann ganz auf.

Lob und Tadel

Pferde leben in der Gegenwart und verstehen deshalb Reaktionen auf ihr Verhalten nur, wenn sie sofort geschehen. Alles was später als wenige Sekunden danach passiert, sehen sie als neues, für sich stehendes Ereignis. Also ist Ihre prompte Antwort gefragt.

Positive Motivation – der Anreiz zur Mitarbeit

Leider loben die meisten Pferdemenschen zu selten. Jede Aufgabe wird ja in vielen kleinen Teilstücken erlernt, und jeder noch so kleine Schritt vorwärts ist ein Fortschritt, der eine Belohnung verdient hat. Egal ob Leckerli, Stimmlob, Streicheln oder eine Pause, das Pferd bekommt sein Erfolgserlebnis und wird in seiner Handlung bestätigt. Und weil Belohnungen so schön sind, möchte das Pferd so schnell wie möglich mehr davon und wird so für neue Aufgaben motiviert.

Mit der Zeit kann man das Lob immer dosierter einsetzen: nur wenn das Pferd eine wirklich gute Reaktion gezeigt hat.

Lob wirkt übrigens belohnend auf Pferd und Mensch. Die gute Leistung des Pferdes bestätigt dem Menschen: »Du hast alles richtig gemacht.« Und sie trägt durch das Erfolgserlebnis zur positiven Grundstimmung im Training bei.

Streichellob

Die meisten Pferde mögen Körperkontakt. Das aus Kavalleriezeiten übernommene Abklopfen wie einen Teppich auf der Stange gehört nicht dazu. Testen Sie, was Ihr Pferd bevorzugt: Kraulen an Mähnenkamm oder Widerrist, streicheln auf der Stirn, kratzen an der Schweifrübe oder der Unterseite des Halses.

Freuen Sie sich!

Machen Sie sich klar, wie wunderbar es ist, dass so ein großes, starkes Tier gerne mit Ihnen arbeitet und sich für Sie Mühe gibt. Zeigen Sie ihm, dass Sie sich über seine Fortschritte freuen! Begeistertes Stimmlob (»guuut!« oder »braav!«) – und bei besonders schwierigen Aufgaben – plus Leckerli macht dem Pferd auf alle Fälle klar: »Das war richtig!« Sie werden sehen: Ihr Pferd wird süchtig nach Lob und alles dafür tun, um mehr davon zu bekommen!

Futterlob

Richtig angewandt kann Futter eine sehr effiziente Belohnung sein. Das Pferd macht etwas gut und bekommt prompt ein Leckerli. Ist es leicht aufgeregt, gibt man das Leckerli von vorneunten, dadurch wird dem Pferd eine entspannte

Kopfhaltung gezeigt. Kauen beruhigt und senkt nachweislich den Puls, denn es signalisiert Sicherheit. Droht Gefahr, grasen Pferde in der Natur nicht, sondern lauschen mit hochgerissenem Kopf.

Sehr aufgeregte Pferde sollten nicht gefüttert werden. Sie kauen manchmal zu wenig und können sich verschlucken und schlimmstenfalls eine Schlundverstopfung bekommen. Auch gleichzeitig wiehern und fressen kann gefährlich sein.

Höflich Belohnungen nehmen

Das Erfolgserlebnis beim Training soll mit Futterlob belohnt werden. Leider mutiert Ihr Pferd zum Krokodil und schnappt mit weit aufgerissenem Maul nach dem eigentlich verdienten Leckerli.

So gibt es natürlich nichts! Schließen Sie die Hand über dem Leckerli und ignorieren Sie alle Bettelversuche. Das Leckerli gibt es erst, wenn das Pferd mit geradem oder abgewendetem Kopf ruhig abwartet und die Belohnung vorsichtig mit den Lippen nimmt. Bei besonders hartnäckigen Schnappern oder Knibblern schieben Sie den Kopf energisch weg. Wenn Sie das konsequent durchhalten, wird Ihr Pferd die Bettelei irgendwann wegen erwiesener Unwirksamkeit aufgeben.

Das gilt auch für verwandte Problemfelder, zum Beispiel das ewige Gieren nach Gras beim Führen über eine Wiese. Unterbinden Sie jeden Versuch, den Kopf Richtung Gras zu bewegen oder gar am Strick zu reißen. Möchten Sie das Pferd an der Hand grasen lassen, lassen Sie es den Kopf senken und zeigen Sie mit der Gerte auf die Wiese. Dann geben Sie mit einer nach unten führenden Handbewegung den Strick so weit nach, dass das Pferd mit dem Kopf zum Gras kommt. Auch hier gilt der Grundsatz: Erfolg durch Hartnäckigkeit.

Irgendwann lernt jedes Pferd: Nur mein richtiges Verhalten führt zur Belohnung!

Bei Übungen, wo eine Hilfsperson dabei ist, z. B. »Brücke«, »Wippe«, »Hänger« können Sie mit Futterbelohnung, die das Pferd in einer Schüssel bekommt, arbeiten. Pferdemüsli und alles, was schnell gekaut und geschluckt wird, eignet sich am besten. Haben Pferde lange zu kauen, wie zum Beispiel bei Hafer, nehmen sie manchmal ein Maulvoll, rennen rückwärts von der Hängerrampe und kauen draußen genüsslich weiter. Und schon haben wir das unkontrollierte Entziehen belohnt!

Wie erziehe ich mein Pferd zum Betteln, Anfressen, Anstupsen, Herumknibbeln, Jackentasche abreißen?

Nina Nixblick kommt zum Stall und freut sich, ihr Pferd Fury Ratlos zu sehen. Zur Begrüßung gibt es ein paar Mohrrüben. Dann ist in Ninas Augen die Begrüßung vorbei und sie stellt das Füttern ein. Fury Ratlos möchte noch mehr leckere Mohrrüben, also stupst er sie auffordernd an oder knibbelt an der Tasche herum.

»Oh wie niedlich, Fury mag mich!« Als Liebesbeweis füttert Nina doch noch eine Mohrrübe. So wird das (eigentlich unerwünschte) Verhalten belohnt und das Pferd wird logischerweise weiter betteln.

Zwei Minuten später ist Nina von der Anstupserei genervt und Fury Ratlos bekommt einen Klaps auf die Nase. Jetzt ist das Pferd total verwirrt. Erst gibt es eine Belohnung und plötzlich erhält es einen Schlag für das aus seiner Sicht gleiche Verhalten. Der Mensch wird als unzuverlässig und unberechenbar erlebt.

Dieses Bettelverhalten wird leider auch bei nur gelegentlichem Erfolg nicht aufhören. Gewöhnen Sie sich ab, dem Pferd zwischendurch ein Leckerli reinzuschieben, ohne dass das Pferd präzise weiß wofür. Bestimmt müssen Sie für Ihr Geld (= Belohnung) hart arbeiten? Das gilt ab jetzt auch für Ihr Pferd: Umsonst gibt's nichts!

»Ja aber«, werden Sie jetzt sagen, »ich liebe es, mein Pferd zu verwöhnen.« Ist die Rangordnung zwischen Ihnen und Ihrem Pferd sicher zu Ihren Gunsten geklärt und das Pferd neigt nicht zum Betteln, ist ein Freundschaftshäppchen zwischendurch o.k. Besser ist es, wenn dafür eine kleine Aufgabe abgefragt wird, zum Beispiel bei der Begrüßung »komm«. Macht Ihr Pferd dann einen Schritt auf Sie zu, gibt es das Begrüßungsleckerli eben zur Belohnung dafür.

Mach mal Pause

Auch eine Pause belohnt das Pferd. Es kann kurz abschalten, die letzte Übung etwas setzen lassen und sich danach wieder besser konzentrieren. Lassen Sie in der Pause das Führseil länger, und halten Sie mehr Abstand vom Pferd. So bekommt es auch eine Pause von der intensiven »Dauereinwirkung«, wenn es am Kopf geführt und gehalten wird, und kann zum Beispiel den Kopf drehen und kurz in der Gegend herumschauen.

Hat das Pferd eine besonders schwierige Aufgabe gemeistert, machen Sie Schluss für heute. So bleibt das Erfolgserlebnis haften und schafft einen positiven Start für das nächste Training.

Manche Pferde brauchen länger Zeit, um neue Eindrücke geistig zu verarbeiten. Das kann sogar ein paar Wochen dauern. Oft ist es besser, eine Übung erst nach zwei Wochen zu wiederholen, statt gleich am nächsten Tag.

Tadel

Oft reicht es, unerwünschtes Verhalten konsequent zu ignorieren und hartnäckig nach der Erfüllung einer Aufgabe zu fragen. Ignorieren kann ich, solange die Aktion des Pferdes »harmlos« bleibt. Übergehen Sie kleine Aufmüpfigkeitsanfälle, und bestehen Sie darauf, dass das Pferd zuhört und sich mit der Aufgabe auseinandersetzt. Fragt Ihr Pferd zehnmal nach, ob Sie ernst meinen, dass es zum Beispiel stehen bleiben soll, gibt es zehnmal nur eine richtige Antwort »ja, du musst!«. Manchmal ist das ganz schön anstrengend, aber es lohnt sich!

Strafe

Zeigt das Pferd ein gefährliches Verhalten, schnappt es zum Beispiel nach Ihrer Hand, sollten Sie es sofort tadeln und notfalls strafen. Der wirkungsvolle Rüffel ist kurz, kontrolliert und konsequent. Aufrichten, Präsenz zeigen und ein scharfes »Nein«. Pferd einen Schritt rückwärts oder seitwärts wegschicken. In besonders hartnäckigen Fällen hilft ein kurzer Ruck am Führseil oder ein Klaps mit der Hand oder der Gerte. Auch wenn es schwer fällt, versuchen Sie dabei kurz und sachlich zu bleiben. Danach stellen Sie Ihrem Pferd sofort eine leichte Aufgabe und loben es für gute Erledigung überschwänglich.

Rückwärtsrichten als Strafe?

Vor allem im Springsport und bei manchen Westernausbildern grassiert immer noch die Unsitte, ein »ungehorsames« Pferd zur Bestrafung mit viel Druck in hohem Tempo rückwärtszuschicken. Außer Stress und Verspannung bringt das überhaupt nichts. Manche Pferde lernen dabei, sich in Stresssituationen durch Rückwärtsrennen zu entziehen – sehr unerfreulich, wenn hinter einem ein Graben oder ein Elektrozaun lauert! Die Korrektur solcher Pferde ist langwierig und nicht ganz ungefährlich.

Umgang mit Wut

»Die Gewalt beginnt, wo die Weisheit zuende ist.« (Linda Tellington-Jones)

Brüllen, prügeln, am Führstrick reißen – Wut hat viele hässliche Gesichter! Wohl jedem ist im Umgang mit dem Pferd schon so ein Ausrutscher passiert. Analysiert man solche Abläufe, bemerkt man meistens, dass man von der Situation überfordert war. Wut ist also die pure Hilflosigkeit! Nicht umsonst heißt es »das ohnmächtige Gefühl der Wut«.

Bei unserem Verhältnis zum Pferd sind viele Emotionen im Spiel. Überlegen Sie, was Sie in diesem Moment gefühlt haben: Angst bei einer unkontrollierbaren Reaktion des Pferdes? Schmerz (Pferd tritt mir auf den Fuß)? Oder waren Sie gekränkt, weil Sie sich vom Pferd im Stich gelassen fühlten (» ... das Pferd hat es so gut und ist undankbar«)? Stellen Sie sich bildlich vor, wie Sie beim nächsten Mal in dieser Situation souverän und beherrscht reagieren.

Neigen Sie zu cholerischem Temperament, verzichten Sie auf anspruchsvolle Übungen, wenn Sie sowieso schon müde und gereizt sind. Gehen Sie lieber nur entspannt ausreiten oder spazieren, oder toben Sie mit dem Pferd beim Freilaufen herum. Möchten Sie nach einem stressigen Tag noch trainieren, kommen Sie erst mal innerlich beim Pferd an und erden sich, zum Beispiel indem Sie vorher ausmisten oder den Koppelzaun reparieren.

»Normale« Pferde vertragen schon mal einen Klaps und verzeihen ihrem Menschen schnell wieder. Schließlich lässt auch ein ranghohes Pferd seinen Frust gelegentlich an einem untergebenen Herdenmitglied aus. Häufige emotionale Strafmaßnahmen wie minutenlange Schimpftiraden, x-maliges Durchexerzieren einer Übung oder gar Schläge führen jedoch zu Vertrauensverlust und stören die Mensch-Pferd-Beziehung auf lange Zeit.

Merksatz:
Gehorsam kann ich erzwingen, Vertrauen muss ich ehrlich gewinnen.

Umgang mit eigener Unsicherheit

Vielen Menschen fällt es schwer, sich durchzusetzen, besonders wenn sie Unbehagen beim Pferd spüren. Vor allem am Anfang kann nicht immer alles nur harmonisch und einfach sein. Zu viele Kompromisse müssen gekündigt werden.

Respekt (nicht zu verwechseln mit Angst!) ist die Basis für jede Mensch-Pferd-Beziehung. Ganz ohne Konfrontation wird es wohl nur bei wenigen Pferd-Mensch-Kombinationen gehen. Aber: Niemals mehr Druck machen, als man händeln kann.

Gruselig

Hilfe, die Gruselecke!

Eine »Gespensterecke«, in der fast jedes Pferd scheut, gibt es beinahe in jeder Halle und auf jedem Reitplatz: Manche Menschen verbringen viel Zeit damit, ihr Pferd mit allen Mitteln in und durch diese Ecke zu manövrieren. Die Lösungsansätze reichen von gutem Zureden und Leckerli füttern bis zu Zwangsmaßnahmen wie Gerteneinsatz.

Beschäftigen Sie Ihr Pferd im Rest der Halle mit Aufgaben, bei denen es sich konzentrieren muss. Ignorieren Sie Schreckanzeichen, und bestehen Sie auf Konzentration und die Erfüllung der Aufgabe. Loben Sie jeden guten Ansatz. Wenn das Pferd richtig aufmerksam bei der Sache ist, kommen Sie der »Gespensterecke« im Zuge einer Aufgabe immer näher, bis das Pferd sie irgendwann ganz selbstverständlich durchquert. Danach nicht loben, sonst wird dem Pferd bestätigt, dass diese Ecke besonders wichtig ist.

Hilfe, das Pferd macht nicht mit – liegt es am Pferd oder an mir?

Viele Menschen scheinen erst einmal einen Misserfolg zu erwarten und sind eher überrascht, wenn eine Übung problemlos gelingt. Hier kann mentales Training zu positivem, erfolgsorientiertem Denken helfen (siehe Seite 18).

Funktioniert etwas nicht, kommen häufig Antworten wie: »das geht nicht, weil«, »aber mein Pferd kann das nicht, weil«, statt dass wirklich nach einer Lösung gesucht wird.

Überlegen Sie genau: Wenn Ihr Pferd Sie etwas »fragt« und Sie nicht so reagieren, wie es sich das wünscht, sind Sie sich kurz danach schon unsicher? Ist Ihre Selbsteinschätzung zu Fähigkeiten, die einem als Chef nützlich sind, wie Selbstsicherheit, körperliche Koordination und Beobachtungsgabe geprägt durch: »Das konnte ich noch nie« oder »ich war schon als Kind unsicher«?

Diese Selbstkritik mag in manchen Punkten wahr sein. Zum Glück haben Sie ja Ihre unbestechlichen Persönlichkeitstrainer: Der Umgang mit Pferden gibt Ihnen die Chance, an Ihren Schwächen zu arbeiten und aufzuhören, sie als nützliche Ausrede zu benutzen, um keine Verantwortung zu übernehmen.

Die Psychofalle

Sie lieben Ihr Pferd und möchten, dass es sich bei Ihnen wohlfühlt. Natürlich denken Sie viel über seinen Charakter nach, sein Verhältnis zu Ihnen und wie es sich beim Training fühlt. Klappt etwas nicht, setzt sich eine ganze Gedankenlitanei in Bewegung: Warum macht es das nicht? Warum macht es das jetzt? Und warum macht es jenes nicht? Hatte es eine schwere Kindheit? Wurde es zu früh abgesetzt? Hat es jemand geschlagen? Bei aller Liebe – bleiben Sie sachlich, setzen Sie sich ein Ziel und verfolgen Sie es! Egal, ob schwe-re Kindheit oder übersensibler Charakter, wir sind im Hier und Heute und möchten eine Aufgabe lösen. Oft ist es kontraproduktiv, wenn man sich zu viele Gedanken macht. Einfach machen, ohne großartig nach der Ursache oder dem Sinn oder einer Entschuldigung zu suchen.

Gründe für das Verweigern der Mitarbeit

Angst und Unsicherheit

Das Pferd ist mit der Situation überfordert (siehe »Das Lernzonenmodell« in Kapitel 2) und zeigt das je nach Stresstyp durch hektische Unkonzentriertheit oder Apathie. Vielleicht wurde es aus seiner gewohnten Umgebung mit den vertrauen Pferdekumpels gerissen und hat noch nicht genug Vertrauen zum Menschen. Oder es leidet unter Reizüberflutung – zu viele neue Hindernisse, zu viele Anforderungen zu schnell hintereinander.

Gegen Angst und Unsicherheit, vor allem bei jungen oder unerfahrenen Pferden, kann die Anwesenheit eines ruhigen vertrauten Pferdes helfen. Der erfahrene Pferdekumpel wird im ruhigen Tempo über den ganzen Übungsplatz in großen Bögen um alle Hindernisse herum geführt. Der Angsthase folgt mit etwas Abstand. Erschrickt er vor einem Hindernis, bleiben beide Pferdeführer kurz stehen, der Ängstliche darf das Hindernis für einen Moment anschauen, dann gehen beide ruhig weiter. Nicht gut zureden, sonst wird das Pferd darin bestätigt, dass es einen Grund für seine Angst gibt. Ruhig und gleichmäßig atmen und weitergehen und ängstliches Verhalten ignorieren. Hat das Pferd so wenig Respekt vor dem Menschen, dass es ihn beim Wegspringen anrempelt oder umrennt, sollte es anfangs in der Position »Stabilisieren« von zwei Seiten geführt werden.

Kompetenzgerangel – wer führt hier wen? (Dominanzprobleme)

Das Pferd ist nicht der Meinung, dass der Mensch der Chef ist und entscheidet daher selbst über seine Lebensgestaltung. Bodenarbeit gehört nicht dazu.

Schmerzen, körperliche Unfähigkeit, die Aufgaben zu erledigen

Schauen Sie genau hin, ob Ihr Pferd Anzeichen von Schmerzen oder Unwohlsein zeigt. Hat es ein »Schmerzgesicht«, ist sein Blick »nach innen« gerichtet, zieht es die Nüstern in Falten nach oben, legt es die Ohren an, wenn bestimmte Körperteile berührt werden? Möchte es ein Bein nicht voll belasten, den Hals nicht nach einer Seite biegen, geht es nicht seitwärts, weil seine Rückenmuskeln verspannt sind oder hat es vielleicht »Bauchweh«? Haben Sie den Verdacht, irgendeine Weigerung ist auf ein Gesundheitsproblem zurückzuführen, sollten Sie Ihr Pferd gründlich vom Tierarzt und/oder zum Beispiel einem Osteopathen durchchecken lassen.

Kommunikationsprobleme – widersprüchliche Signale des Menschen

Ob Sie verständliche Hilfen geben, testen Sie am besten unter Aufsicht einer kompetenten Person mit einem kooperativen, gut ausgebildeten Pferd. Bekommt das freundliche Testpferd einen Knoten in die Beine, weil es gleichzeitig rückwärts, seitwärts und über die Reifen gehen will, sollten Sie einen Kursbesuch erwägen.

Zeit zum Nachdenken geben

Egal, welches Stangenhindernis wir ihm aufbauten, egal wie langsam Schritt für Schritt mit vielen Pausen und noch mehr Leckerli wir es versuchten, der junge, etwas dickfellige Ponywallach war nicht zu bremsen. Er büffelte einfach durch, die Stangen flogen in alle Richtungen. Alle »Tricks« wie Abstreichen des ganzen Körpers und vor allem der Beine mit der Gerte, Training einzelner Schritte, Überwinden nur einer einzelnen Stange machte er prima mit, aber auch nach mehreren Wochen regelmäßigem Üben blieben die Stangenhindernisse ein Alptraum.

War es mangelnde Körperbeherrschung, waren es zu hohe Anforderungen oder hatte er einfach keine Lust, sich zu konzentrieren? Wir werden es nie erfahren. Einige Wochen Ferien von Stangenhindernissen, dafür viele Übungen zum Handling und Vertrauensaufbau brachten den Durchbruch: Plötzlich schien der Ponywallach seine Hinterhand mit dem Gehirn verknüpft zu haben und konnte jedes einzelne Bein gezielt an den gewünschten Platz setzen.

Mein Pferd ist so stur!

Sturheit im Sinne von »ich bin grundsätzlich dagegen«, gibt es von Natur aus nicht! Manche Pferde brauchen nur mehr Überzeugungsarbeit und müssen erfahren, dass die Zusammenarbeit mit dem Menschen Spaß und Sicherheit bedeutet! Die meisten Pferde machen gerne mit, sobald sie verstehen, was sie tun sollen. Stellt sich ein Pferd »bockig« an, bleiben Sie unerschütterlich freundlich und zuversichtlich und überlegen, was Sie ändern können, damit es die Aufgabe besser versteht. Meistens ist der Weg, einen Schritt zurückzugehen und die Aufgabe in noch kleinere Teilstücke zu zerlegen.

Lächeln Sie und sagen Sie sich einfach: Das arme Pferd kann nichts dafür, dass es bisher noch nichts lernen durfte! Wie schön, dass wir das jetzt gerade ändern!

Mein Pferd ist eine Schlaftablette oder Trantüte

Denken Sie an die positiven Seiten Ihres Pferdes. Ich persönlich mag Pferde, die in aufregenden Situationen weniger aufgeregt sind als ich – zuverlässige vierbeinige Partner. Wenn man diese Sorte gut ausbildet, werden sie totale Verlasspferde und Schleifensammler auf Wettbewerben. Das ist auf jeden Fall netter, als nach drei Monaten Intensivtraining von Plane und Flattervorhang mit dem durchgeknallten Arabohafi quer über den Turnierplatz zu hüpfen und den Sprecher sagen zu hören: »Manche Leute sollten vorher zuhause üben, bevor sie an Wettbewerben teilnehmen!«

Zum Wecken einer Schlaftablette eignen sich kurze, abwechslungsreiche Trainingseinheiten und immer neue Abläufe. Routine erhöht den Schnarchfaktor. Möchten Sie, dass Ihr Pferd neugierig und interessiert ist, dann müssen Sie das auch selbst sein (wollen). Beobachten Sie sich selbst: Stehen und gehen Sie freudig und energiegeladen oder schlurchen Sie eher unmotiviert und gelangweilt über den Reitplatz? Das Pferd hält Ihnen den Spiegel vor!

Aufhören, wenn es am schönsten ist

Beenden Sie das Training, solange Ihr Pferd noch motiviert ist und hören Sie immer mit einem Erfolgserlebnis auf. Nie am Schluss der Arbeitseinheit noch etwas Neues anfangen, das schief gehen könnte. Bei Überforderung oder Langeweile wird Bodenarbeit und allgemein die Arbeit mit Ihnen negativ besetzt!

Lassen Sie das Pferd beim Ballspielen zuschauen.

3 Ausrüstung

3. Ausrüstung

Räumliche Voraussetzungen

Für die Bodenarbeit eignen sich am besten ein fest eingezäunter Reitplatz, eine Reithalle oder eine ebene, eingezäunte Wiese mit kurzem Gras. Der Boden sollte griffig und nicht zu tief sein. Ist das Pferd so weit ausgebildet, dass es sich auch in ungewohnten Situationen sicher führen lässt, kann man das Training ins Gelände verlegen und dort abwechslungsreiche natürliche Hindernisse mit einbauen.

Ausrüstung

Die Sicherheit für Mensch und Pferd sollte immer im Vordergrund stehen!
Festes Schuhwerk mit Profilsohle garantiert einen sicheren Stand. Sehr gut geeignet sind knöchelhohe Wanderschuhe, die durch ihren festen, gepolsterten Schaft den Knöchel vor dem Umknicken und vor fehlplatzierten Hufen schützen. Für junge, hochblütige oder schreckhafte Pferde, die zu Seitenhüpfern neigen, empfehlen sich Sicherheitsschuhe mit Stahlkappe.
Erschrickt das Pferd oder möchte es die Übung lieber schnell beenden und zieht Ihnen dabei den Strick durch die Hände, kann das zu schmerzhaften Verbrennungen an der Hand führen. Dünne, griffige Handschuhe schützen und helfen, ein widerstrebendes Pferd an der Flucht zu hindern. Welche Hilfsmittel Sie zum Führen nutzen, ist (fast) nebensächlich. Jede Methode, sprich jeder »Guru«, hat selbstverständlich aus Marketinggründen sein eigenes Spezialhalfter, eine spezielle Gerte oder ein besonderes Führseil. Ob diese oft überteuerten Dinge wirklich nötig sind, muss jeder für sich selbst entscheiden.

Gut geeignet ist ein stabiles, gut sitzendes Halfter aus festem Material. Falls Sie eine Führkette benutzen möchten, sollte das Halfter runde Ringe haben, da sich die Kettenglieder in den eckigen Ringen verklemmen können. Die Länge des Genickstücks sollte so eingestellt werden, dass der Nasenriemen zwei bis drei Finger unterhalb des Jochbeins liegt. Für eine klare Einwirkung muss der Nasenriemen eng anliegen. Zwischen Nase und Nasenriemen sollten nicht mehr als zwei bis drei Finger passen. Ist das Halfter zu groß, wird das äußere Backenstück bei seitlicher Einwirkung ans oder sogar ins Auge gezogen.

Ein zu großes Halfter kann ins Auge gehen.

Verschnallung der Führkette oder des Führseils über der Nase.

Führseil oder Führkette?

Ob Führkette über der Nase oder Halfter mit Fellüberzug: Jeder »Zaum« ist nur so hart oder weich wie die Hand die ihn benutzt!

Die Führkette –
Instrument für die feine Arbeit

Präzise Arbeit erfordert eine präzise Hilfengebung. Bis das Pferd gelernt hat, auf feinste Zeichen zu reagieren, empfehle ich eine Führ-

kette zu benutzen. Die Führkette wird so über dem Nasenrücken verschnallt, dass sie eine seitliche Einwirkung hat.

Bei büffeligen oder heftigen Pferden kann die korrekt über der Nase eingeschnallte Führkette der Beginn einer klaren Verständigung sein. Hat das Pferd gelernt, dass es sich in unangenehmen Situationen losreißen kann, bringt ein energischer Ruck an der Führkette im richtigen Moment oft den Durchbruch zu sinnvoller Überzeugungsarbeit. Die Kette ist jedoch ein sehr eindeutiges Instrument und kann dem Pferd bei falschem Gebrauch Schmerzen zufügen. Sie gehört nur in die Hände von Menschen, die verantwortungsbewusst und beherrscht damit umgehen!

Manche Führketten aus dem Reitsporthandel haben eine angenähte flache Führleine mit Schlaufe. Vereinzelt gibt es noch Leinen aus leichtem, scharfkantigem und unangenehm rutschigem Nylonmaterial. Bitte niemals die Hand durch die Schlaufe stecken! Wenn ein paar hundert Kilo Pferd wegspringen, haben Sie keine Chance! Damit niemand aus Versehen die Hand durch die Schlaufe steckt, kann man einen Knoten darüber machen oder am besten gleich die Leine durch ein stabiles Seil ersetzen, das angenehm in der Hand liegt. Neuere Leinen sind aus dickerem weichem Nylon, allerdings immer noch mit Handschlaufe.

Seil

Eine gute Lösung für sensible Pferde ist ein dünnes Seil, das seitlich über der Nase verschnallt wird. Wer das dünne Seil in der Hand unangenehm findet, kann ein dickeres, griffiges Führseil daran befestigen, am besten umschlagen und mit festem Nylongarn und dicker Sockennadel flächig festnähen. Sie brauchen je nach Pferdegröße ca. 0,75–0,80 m dünnes Seil und 1,90–2 m

Führseil, einschließlich je 5 cm Seillänge zum Zusammennähen. Längere Seile werden schnell zum unhandlichen Gewurschtel und durch zu lang herunterhängende Schlaufen zur Stolperfalle.

Möchten Sie bei fortgeschrittenen Pferden das Führseil im unteren Halfterring befestigen, sollten Sie ein Halfter mit festem, nicht verstellbarem Nasenriemen wählen. Das Führseil sollte dann ca. 2–2,20 m lang sein. Bei Halftern mit verstellbarem Nasenriemen gleitet der untere Halfterring hin und her, die Einwirkung wird schwammig. Rassen mit dickem Winterpelz und langen Grannenhaaren, wie Isländer oder Tinker, brauchen im Winter oft eine Halftergröße mehr, zum Beispiel im Sommer Größe Pony, im Winter Größe Vollblut oder Cob.

Knotenhalfter

Western-Ausbilder benutzen oft Knotenhalfter. Diese Halfter haben keine Ringe, nur eine geknotete Schlaufe unten am Kinn, in die der Führstrick eingehängt wird. Durch diese Position ist eine direkte seitliche Einwirkung kaum möglich. Manche Pferde verwerfen sich im Genick beim Versuch, sie mit dem unten eingehängten Führseil seitlich zu stellen. Diese Halfter wirken durch das dünne Seil sehr scharf, vor allem, wenn das Pferd erschrickt und »ins Halfter springt«. Sollten Sie sich für die Arbeit mit einem Knotenhalfter entscheiden, bitte das Pferd niemals am Knotenhalfter anbinden oder frei laufen lassen, das stabile Seil reißt nicht, wenn sich das Pferd darin verfängt. Es besteht Lebensgefahr!

Strick mit Panikhaken

Panikhaken sollten höchstens in sicher eingezäunten Übungsplätzen benutzt werden. Sie können sich versehentlich öffnen, wenn man schnell nachfassen muss und den Verschluss erwischt. Bullsnaps oder andere schwere Haken schwingen durch die Gehbewegung mit und können sensible Pferde aus dem Gleichgewicht bringen. Angenehm und sicher sind stabile Karabinerhaken, zum Beispiel Alu-Kletterhaken mit mindestens 120 kg Tragkraft.

Gerte

Die ideale Gerte ist lang (100–120 cm je nach Pferdegröße) und relativ steif. Sie sollte aus der Position neben der Pferdeschulter mühelos bis auf die Kruppe reichen. Ist sie zu lang oder zu »wabbelig«, ist eine präzise Einwirkung kaum möglich. Linda Tellington-Jones empfiehlt weiße Gerten, weil Pferde sie gut erkennen können, aber jede andere Farbe geht genauso.

Warum kein langes Führseil statt einer Gerte?

Westernreiter mögen oft keine Gerten und benutzen statt dessen ein langes Führseil mit Lederklatsche am Ende. Ein paar Könner vielleicht ausgenommen, kann man mit einem weichen Seil niemals so schnell und präzise am richtigen Platz eine Hilfe geben, wie mit einer steifen Gerte. Statt statisch eine Richtung vorzugeben oder eine imaginäre Wand aufzubauen, hängt das Seil schlapp herunter und muss für jeden Impuls neu geworfen werden.

Futterlob – die leckere Belohnung

Wählen Sie nur Belohnungen, die für das Pferd ungefährlich sind. Zu große Happen hektisch verschluckt, können zu Schlundverstopfung führen. Ideal sind klein geschnittene Mohrrüben oder Äpfel, kleine Stücke trockenes Brot oder selbst gebackene Pferdekekse aus Haferflocken. Gekaufte Pferdeleckerli sind oft sehr hart, Jungpferde im Zahnwechsel oder Oldies mit Zahnproblemen können sie schlecht kauen.

Wohin mit den Leckerli?

Belohnungen wirken nur, wenn sie prompt nach der guten Leistung gegeben werden! Stecken Sie darum Ihre Leckerlis immer an die gleiche, gut zugängliche Stelle, z. B. die linke Jacken- oder Westentasche oder in eine Gürteltasche. Bis das Leckerli aus der engen Jeanstasche gepfriemelt ist, kann es zu spät sein!

Sichern Sie sich die Aufmerksamkeit des Pferdes bei allen Aufgaben, die Sie in Angriff nehmen.

Tieffliegerangriff

Fliegen, Mücken und Bremsen sind ein echter Konzentrationskiller. Das Pferd am Wegwedeln zu hindern und Konzentration zu verlangen, hat nichts mit Disziplin zu tun, sondern ist schlicht unfair! Sorgen Sie also für Fliegenschutz durch wirksame Mittel, notfalls durch Fliegenfransen am Halfter und/oder eine Fliegendecke.

4 Signale und Hilfen

4. Signale und Hilfen

Stimmsignale

Die Einleitung jeder Übung beginnt mit einem Stimmsignal. Pferde sind sehr gut in der Lage, Stimmsignale auseinanderzuhalten. Voraussetzung ist, immer das gleiche Kommando für die gleiche Übung. Keine Romane, sondern kurze prägnante Stimmkommandos mit immer der gleichen Betonung. Eine tiefe Stimmlage und die lang gezogen gesprochenen Vokale »a«, »o« und »u« wirken beruhigend, helle Stimmen, kurze, knappe Aussprache und der Vokal »i« aufmunternd.

Gertensignale

Die Gerte – der verlängerte Arm

Die Gerte betont und unterstützt die Körpersprache. Sie gibt eine bestimmte Richtung vor, aktiviert durch Antippen oder wirkt bremsend (baut eine imaginäre Wand auf). Bei rhythmischem Touchieren wirkt sie als Taktgeber.

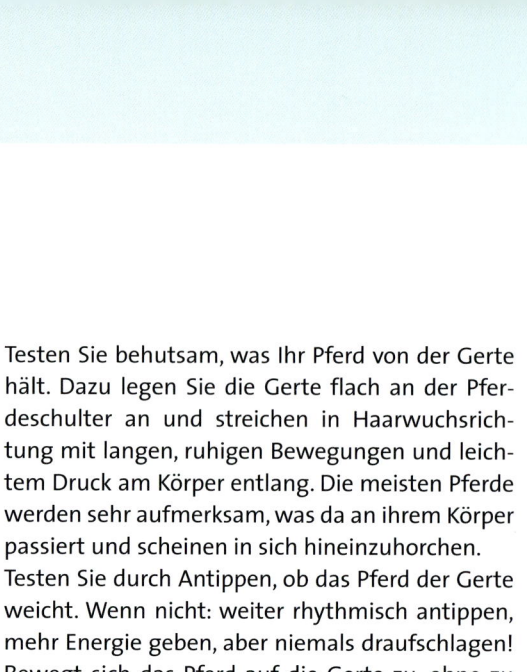

Testen Sie behutsam, was Ihr Pferd von der Gerte hält. Dazu legen Sie die Gerte flach an der Pferdeschulter an und streichen in Haarwuchsrichtung mit langen, ruhigen Bewegungen und leichtem Druck am Körper entlang. Die meisten Pferde werden sehr aufmerksam, was da an ihrem Körper passiert und scheinen in sich hineinzuhorchen.

Testen Sie durch Antippen, ob das Pferd der Gerte weicht. Wenn nicht: weiter rhythmisch antippen, mehr Energie geben, aber niemals draufschlagen! Bewegt sich das Pferd auf die Gerte zu, ohne zu drohen, ist sein Körpergefühl entweder noch nicht genug entwickelt oder es versteht nicht, was es tun soll und weicht aus Verzweiflung auf den Druck irgendwohin aus. Streichen Sie es am ganzen Körper mit der Gerte ab, und versuchen Sie es dann noch mal. Weicht es immer noch nicht, helfen Sie ihm durch Mit-dem-Finger-Antippen. Bei der geringsten Bewegung in die richtige Richtung sofort mit Tippen aufhören und das Pferd loben!

Beispiele für Stimmsignale		
Übung	Stimmsignal	Aussprache
Anführen/Losgehen	An	auffordernd, Energie geben
Anhalten	Halt	lang gezogen, beruhigend: haalt
Rückwärtsrichten	Zurück	auffordernd, im Zweitakt für jeden Schritt eine Silbe: Zuu-rück, Zuu-rück usw.
Seitengänge	Seit	auffordernd, Energie geben
Ruhiger gehen	Langsam	laangsam
Kopf senken	Tiefe Nase	tieeef
Zu mir herkommen	Komm	auffordernd, Energie geben
Am Platz stehen bleiben	Bleib	bleeiiib

Angst vor der Gerte

Viele Pferde haben schlechte Erfahrungen mit der Gerte als »Strafinstrument« gemacht und bekommen Angst, wenn die Gerte auf sie zubewegt wird. Je nach Veranlagung zeigen Pferde ihre Angst ganz unterschiedlich: Manche bekommen »Sorgenfalten« über den Augen und halten die Luft an, andere zappeln herum und versuchen zu fliehen oder nach der Gerte zu schlagen.

Zeigt das Pferd leichte Unsicherheit, streichen Sie es betont ruhig und langsam weiter ab. Atmen Sie ganz bewusst langsam und tief aus.

Traumatisierte Pferde

Pferde mit extremer Angst vor der Gerte haben meistens schlechte Erfahrungen mit Menschen gemacht: Oft sind es frei aufgewachsene Importpferde aus Ländern, in denen bei der »Zähmung« nicht so zimperlich mit ihnen umgegangen wurde. Vor allem Pferde ohne Papiere haben manchmal eine leidvolle Vorgeschichte, in der sie durch viele dubiose Hände gingen.

Mein Pferd schlägt nach der Gerte

Ausschlagen kann ein Zeichen von Furcht sein. Beachten Sie die Warnsignale: Ausweichversuche, Ohren anlegen und Hinterbein heben. Wenn Sie diese Drohgebärden nicht beachten, fühlt sich das Pferd in die Enge getrieben und kann gezielt mit voller Wucht ausschlagen.

Lassen Sie die Situation nicht eskalieren! Sie bringen sich in große Verletzungsgefahr. Ein in die Enge getriebenes Pferd ist in der Panikzone und kann nichts lernen.

Dominante Pferde haben gelernt, dass man Menschen einschüchtern kann und dann in Ruhe gelassen wird. Der Unterschied zum ängstlichen Pferd: Das Pferd versucht, dem Antippen mit der Gerte nicht auszuweichen, sondern bewegt sich

> ## Angst vor der Gerte?
>
> **Langsame Gewöhnung bei Angst vor der Gerte**
> *Streichen Sie das Pferd anfangs nur an den Stellen ab, an denen es die Gerte ertragen kann. Oft sind das Schulter und Hals. Ignorieren Sie kurzzeitig die Angstanzeichen, und streichen Sie es betont ruhig weiter ab. Atmen nicht vergessen! Steht es still und duldet das Abstreichen ohne zappeln oder drohen, loben und Leckerli geben. Danach Pause – 30 Sekunden stehen lassen, damit das Pferd über das Erlebte nachdenken kann. Mit einer anderen leichten Übung weitermachen oder für heute aufhören.*

auf den Menschen zu und rempelt ihn eventuell an. Im extremsten Fall zeigt das Pferd drohend angelegte Ohren und schlägt oder beißt sogar. Auch hier gilt: Die Situation nicht eskalieren lassen – Sie können diesen Kampf nicht mit Kraft gewinnen. Das Pferd muss spüren, dass es so nicht aus der Situation entkommt.

Damit Sie das Pferd besser kontrollieren können, beginnen Sie mit der Position »Stabilisieren« und halten es zu zweit von zwei Seiten. Streichen Sie das Pferd lange mit der Gerte ab, und tippen Sie es dann seitlich an der Kruppe an. Ausweichen mit der Hinterhand fällt Pferden leichter, als die Schulter zu bewegen. Klappt es immer noch nicht, probieren Sie, mit welchem Signal sich das Pferd von Ihnen wegbewegen lässt: Das kann Antippen bis Reinbohren mit dem Finger sein oder Wegschieben mit flach angelegter Gerte. Mit aller Kraft gegen das Pferd lehnen führt höchstens zu Gegendruck. Macht es einen Schritt in die richtige Richtung, sofort loben und Pause zum Nachdenken lassen.

Droht und wehrt sich das Pferd immer wieder massiv, empfehle ich einen Kursbesuch oder die Korrektur des Pferdes durch einen erfahrenen Ausbilder.

Für feine Signale: Handling von Führkette und Führleine

Pferde zu führen, ist nicht ungefährlich: Horror-szenarien wie abgerissene Fingerglieder, zer-quetschte Mittelhandknochen oder vom Pferd nachgeschleifte Schwerverletzte gibt es leider immer wieder. Der Teufel ist ein Eichhörnchen, aber auch hier gilt: Sicherheitsregeln einhalten minimiert das Risiko!

Verinnerlichen Sie diese Grundsätze für alle Zeiten und Gelegenheiten:

■ Niemals das Führseil um die Hand wickeln, auch lose aufgewickelte Schlaufen können sich blitzschnell zuziehen, wenn das Pferd plötzlich wegspringt oder losrennt.

■ Legen Sie das Führseil in »Hasenohren«, die im Notfall bei leicht geöffneter Hand schnell und reibungslos durchrutschen können.

■ Führketten und manche Führseile haben eine Schlaufe ähnlich wie eine Hundeleine. Stecken Sie niemals die Hand durch die Schlaufe, im Ernstfall kommen Sie nicht schnell genug heraus! Ignorieren Sie die Schlaufe einfach. Fällt Ihnen das schwer, nähen Sie die beiden Seiten zusammen oder machen Sie einen Knoten darüber.

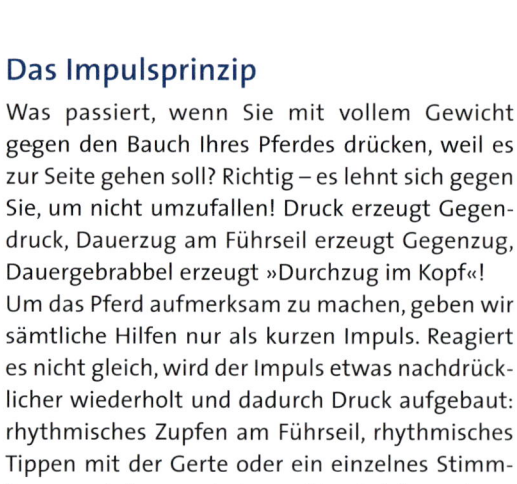

»Hasenohren«

Das Impulsprinzip

Was passiert, wenn Sie mit vollem Gewicht gegen den Bauch Ihres Pferdes drücken, weil es zur Seite gehen soll? Richtig – es lehnt sich gegen Sie, um nicht umzufallen! Druck erzeugt Gegen-druck, Dauerzug am Führseil erzeugt Gegenzug, Dauergebrabbel erzeugt »Durchzug im Kopf«!

Um das Pferd aufmerksam zu machen, geben wir sämtliche Hilfen nur als kurzen Impuls. Reagiert es nicht gleich, wird der Impuls etwas nachdrück-licher wiederholt und dadurch Druck aufgebaut: rhythmisches Zupfen am Führseil, rhythmisches Tippen mit der Gerte oder ein einzelnes Stimm-kommando in energischerem Ton. Bei der gerings-ten Reaktion Druck wegnehmen – Pause = Beloh-nung.

Auch bei Pferden, die die Übung noch nicht ken-nen, geben Sie das Signal zuerst so fein, wie es das Ausbildungsziel ist. Erstaunlich oft funktio-niert das auf Anhieb!

5 Führpositionen Basisübungen

5. Führpositionen und Basisübungen

Ein Pferd führen ist doch ganz einfach, oder?

Situation 1: Nina Nixblick nimmt energisch den Strick in die Hand und geht voran. Peng, der Strick strafft sich. Fury Ratlos steht immer noch an seinem Platz und sieht aus, als hätte er Wurzeln geschlagen. Als er endlich losgeht, wird sein Hals immer länger und er schleicht unmotiviert mit hängenden Ohren hinter Nina her.

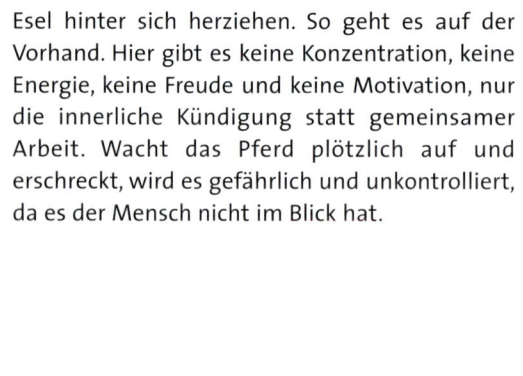

Falsch: Das Pferd darf man nicht wie einen alten Esel hinter sich herziehen. So geht es auf der Vorhand. Hier gibt es keine Konzentration, keine Energie, keine Freude und keine Motivation, nur die innerliche Kündigung statt gemeinsamer Arbeit. Wacht das Pferd plötzlich auf und erschreckt, wird es gefährlich und unkontrolliert, da es der Mensch nicht im Blick hat.

Situation 2: Ein stürmischer Tag im Herbst. Beim Führen auf die Koppel ist Fury Ratlos richtig gut drauf. Immer wieder versucht er anzutraben und zu überholen. Nina Nixblick hat schon einen lahmen Arm vom vielen Ziehen am Strick. Sie bohrt den Ellbogen in Furys Hals und zieht ihn zu sich herum. Wird es ganz schlimm, muss Fury eine Volte gehen, dabei passt Nina auf, dass Fury ihr nicht auf den Fuß tritt, wenn er ganz eng um sie herum wendet und sie dabei anrempelt, um schnell wieder in seine Lieblingsrichtung zu kommen.

Falsch: Die Position an der Pferdeschulter nimmt in der Herde das Fohlen, also das rangniedrige, folgende Tier ein. Das ist nicht nur kontraproduktiv für Ihre Rolle als Leittier, sondern bringt das Pferd auch aus der Balance und fördert die Schiefe. Es kann leicht überholen und um Sie herumlaufen und fällt dabei mit seinem Schwerpunkt auf die Ihnen zugewandte Schulter.

Der erste Schritt ist das Treiben und Bremsen des Pferdes. Das machen Sie mit Ihrer Position zum Pferd und der Art, wie Sie Ihren Körper drehen.

Losgehen im Schritt

Stellen Sie sich in der Grundposition neben das Pferd, und zupfen Sie mit leichter Vorwärts-abwärts-Tendenz an Führseil oder Führkette, um das Pferd aufmerksam zu machen. Keinen Druck unter dem Pferdekinn ausüben, da das Pferd sonst stehenbleibt und den Kopf hochreißt. Dazu geben Sie laut und deutlich das Stimmkommando »an«. Gleichzeitig tippen Sie das Pferd mit der Gerte an, je nach Pferdegröße am Bauch, etwa dort, wo der treibende Schenkel liegen würde, oder bei kleineren Pferden seitlich unten an der Kruppe. Geht das Pferd los, geben Sie sofort keine Signale mehr und gehen ruhig mit ihm weiter. Das Pferd soll am leicht durchhängenden Seil neben seinem Menschen hergehen und seine Position halten, also weder langsamer werden und zurückfallen, noch überholen.

Die Grundposition

Bei der Grundposition befindet sich der Kopf des Pferdes auf Schulterhöhe des Menschen. Das Führen auf Kopfhöhe hilft dem Pferd, gerade und im Gleichgewicht zu bleiben. So haben Sie das Pferd immer im Blick und können rechtzeitig bremsend oder treibend einwirken.

Fassen Sie die Führkette mit der dem Pferd zugewandten Hand am letzten Kettenglied, ein Führseil entsprechend ca. 7–10 cm unterhalb des Hakens. Die vom Pferd abgewandte Hand hält das in »Hasenohren« gelegte Seilende und die Gerte. Halten Sie den Führarm leicht weggestreckt, damit das Pferd mit einem kleinen Sicherheitsabstand neben Ihnen hergeht.

Bevor es losgeht, denken Sie an die Position des Pferdes in der Herde. Sie sind der Chef, das Pferd soll den von Ihnen gewünschten Individualabstand einhalten und auf Signale weichen. Wohin es weicht, hängt von Ihrer Körpersprache und Position ab.

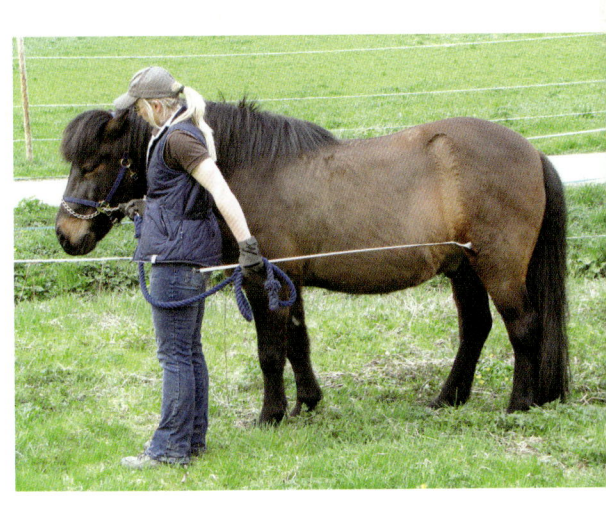

Tempo kontrollieren

Die Position des Menschen vor dem Pferdeàuge wirkt bremsend. Ergo wirkt die Position des Menschen hinter dem Auge treibend.

Die Grenze zwischen den beide Positionen ist bei den meisten Pferden ganz klar definiert. Testen Sie die individuelle »Trennlinie« Ihres Pferdes, indem Sie es von verschiedenen Positionen führen.

Möchten Sie das Tempo verlangsamen, drehen Sie die vom Pferd abgewandte Schulter leicht nach vorne.

Wird das Pferd zu eilig, kann die Gerte seinen Fluchtraum nach vorne begrenzen. Die Gerte etwa einen halben Meter vor dem Pferdekopf rhythmisch langsam auf und ab bewegen schafft eine optische Mauer. Führposition vor dem Pferdeauge, aufrecht gehen, ruhig atmen, Ruhe ausstrahlen. Drängelt das Pferd hartnäckig weiter, Gerte umdrehen und ihm mit dem Gertenknauf vor die Brust oder ans Buggelenk tippen.

Bremsen

Wendungen

Zum Abwenden machen Sie Ihr Pferd durch leichtes Zupfen am Führseil aufmerksam. Drehen Sie Ihre Schulter in die neue Richtung, und »zeichnen« Sie mit dem Gertenknauf die Kurve vor, die das Pferd gleich gehen soll. Achten Sie darauf, dass Ihr Pferd gebogen in die Kurve geht. Möchte es sich nicht biegen, zupfen Sie bei Wendungen nach innen leicht am Führseil, bis das Pferd im Hals nachgibt. Bei Wendungen nach außen (von Ihnen weg) bewegen Sie den Gertenknauf langsam auf Augenhöhe hin und her, bis das Pferd den Kopf abwendet.

Das Pferd folgt der Körperdrehung des Menschen in die Biegung.

Seitenwechsel

Die Kavallerie-Zeiten sind glücklicherweise vorbei, also gibt es keinen Grund mehr, alles mit und am Pferd von links zu tun und das Pferd schmerzhaft schief und einseitig werden zu lassen. Gewöhnen Sie sich an, es abwechselnd von beiden Seiten zu führen. Am besten und sichersten ist, wenn Sie immer auf der inneren Seite des Übungsplatzes gehen. So wird der Seitenwechsel bei jedem Handwechsel zur Selbstverständlichkeit und man führt automatisch etwa gleich lange auf jeder Seite.

Solange Sie eine seitlich eingeschnallte Führkette benutzen, müssen Sie bei jedem Seitenwechsel umschnallen. Das ist etwas mühsam, darum üben Sie länger auf einer Hand, bevor Sie wechseln.

Wir erinnern uns: Das Leitpferd behält seinen Platz und schickt den Rangniedrigeren weg. Genauso funktioniert der Seitenwechsel. Sie behalten Ihre Position. Das Pferd geht um Sie herum.

Beispiel: Sie führen Ihr Pferd von links auf der linken Hand und möchten einen Handwechsel quer durch die Bahn machen. Das Pferd soll auch auf der rechten Hand wieder außen an der Bande gehen und Sie innen, also müssen Sie das Pferd auf Ihre linke Seite verschieben. Gehen Sie im bisherigen Tempo weiter und lassen Sie das Pferd durch Signale mit der Gerte und leichtes Zupfen am Führseil langsamer werden, bis es hinter Ihnen geht. Wechseln Sie die Gerte vor Ihrem Körper in die rechte Hand. Halten Sie die Gerte waagerecht nach hinten und »schieben« das Pferd auf Ihre linke Seite. Anfangs müssen Sie es wahrscheinlich noch antippen, später reicht ein kleines seitwärts weisendes Signal mit der Gerte. Dabei wechseln Sie den Führstrick hinter Ihrem Rücken in die linke Hand. Jetzt holen Sie das Pferd wieder nach vorne in die neue Grundposition durch ein aufmunterndes Stimmkommando und eine Handbewegung nach vorne mit leichtem Zupfen am Führseil, notfalls auch durch Antippen mit der Gerte und nehmen das Führseil wieder in beide Hände.

Klappt es im Schritt, üben Sie den Seitenwechsel zusätzlich im Stand. Das ist anfangs oft schwerer, weil der Schwung fehlt und das Pferd viel exakter rückwärts und seitwärts gehen muss.

Das Zurückbleiben hinter den Pferdeführer ist auch eine gute Vorübung für Hindernisse, in denen ein Engpass überwunden werden soll und das Pferd hinter dem Menschen gehen muss.

Das Dreieck

Die Führposition »Dreieck« ist ideal zum Treiben und für eine bessere Kontrolle der Hinterhand. Sie gehen etwa auf Höhe des Pferdekopfes (später auch auf Schulter- bis Bauchhöhe), aber mit einem Abstand von ca. 0,80m zum Pferd. Führleine in der linken Hand, Gerte in der rechten. Die Gertenspitze zeigt auf die Hinterhand des Pferdes. Das Ganze ist vergleichbar mit der Position beim Longieren, nur dass der Abstand zum Pferd viel kleiner ist.

Stimmkommando »an«. Mit der Gerte geben Sie dem Pferd durch Antippen oben auf der Kruppe das Signal zum Losgehen.

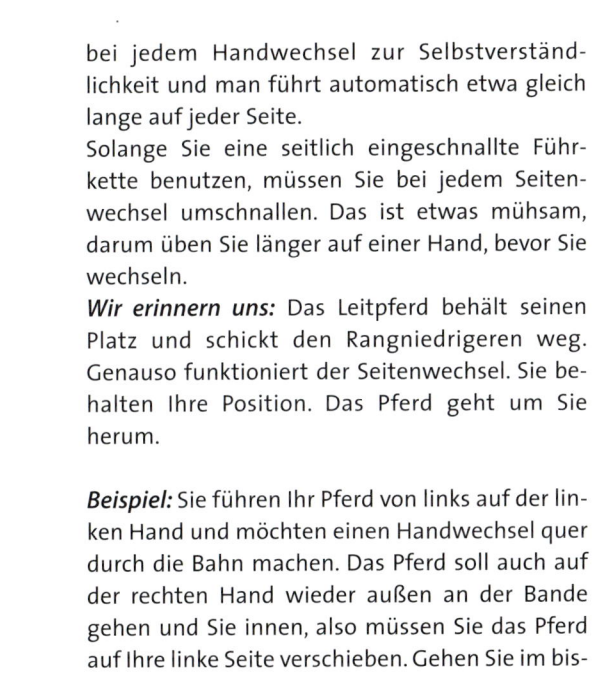

Drängelt das Pferd zu Ihnen hin, tippen Sie es mit der Gerte an der Schulter an. Gehen Sie erst geradeaus an der Bande entlang, und wenn das klappt, machen Sie auch Wendungen und Volten.

Hinterhand aktivieren

In der Dreiecksposition ist sehr gut zu sehen, ob und wie weit die Hinterhufe über die Spur der Vorderhufe treten und ob das Pferd beide Beine gleich hoch hebt. Verspannungen, Beinprobleme und die natürliche Schiefe des Pferdes kann man mit etwas Übung an der Position des Auffußens feststellen. Das geradegerichtete, sprich gut gymnastizierte Pferd tritt auf geraden und gebogenen Linien mit den Hinterhufen in die Spur der Vorderhufe oder, wenn es gut untertritt, weiter nach vorne, aber auf der gleichen Linie. Tritt das Pferd mit einem Hinterhuf weiter seitlich auf, ist das meist durch die natürliche Schiefe bedingt und kann durch Biegen und Gymnastizieren verbessert werden. Treten beide Hinterbeine gleichmäßig weiter nach außen, kann das an Körper-

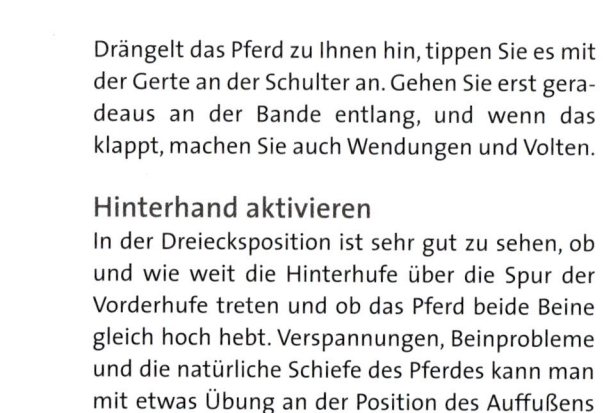

bau und Beinstellung des Pferdes liegen. Das findet man häufig bei Ponys und Pferden mit schmaler Brust und dadurch eng zusammenstehenden Vorderbeinen und kuhhessig stehenden Hinterbeinen.

Tritt ein Hinterbein kürzer, kann das auf Verspannungen im Rücken hinweisen. Sie können das Bein durch rhythmische Gertentipps auf der Kruppe aktivieren. Das Hinterbein kann nur in der Phase des Vorschwingens zum weiteren Untertreten angeregt werden. Schauen Sie genau hin, und touchieren Sie im Takt, wenn sich die Kruppe absenkt, also das Hinterbein gerade vom Boden abhebt. Verbessert sich das Kürzertreten nach einigem Üben nicht, empfehle ich, Ihr Pferd von einem Osteopathen oder Pferdephysiotherapeuten anschauen zu lassen.

Schlurft das Pferd mit einem oder beiden Hinterhufen über den Boden, sollten Sie einen Gesundheitscheck auf Spat und Knieprobleme einplanen. Findet sich keine gesundheitliche Einschränkung, ist der Grund dann doch oft einfach Faulheit, Langeweile und mangelnder Einsatz des Motors Hinterhand. Auch hier kann rhythmisches Touchieren helfen, diesmal hinten am Röhrbein oder seitlich hinten an der Kruppe.

Die Position »Stabilisieren«

Zwei Personen mit zwei Führketten und zwei Gerten führen das Pferd von beiden Seiten. Diese Position kann bei ungebärdigen, unsicheren, panischen oder verdorbenen Pferden die Rettung sein. Wegspringen, Umrennen oder Losrennen lassen sich durch die Einwirkung von links und rechts besser kontrollieren. Pferde, die nach einer Verletzung nur Schritt gehen dürfen, können Sie so eher von schädlichen Übermutshopsern abhalten.

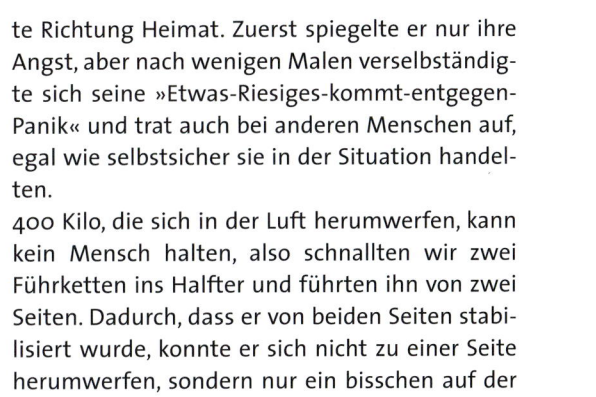

Ist der Pferdebesitzer noch unsicher, kann ihm das gemeinsame Führen seines Pferdes mit einer erfahrenen Person mehr Vertrauen in seine Fähigkeiten geben.

Beispiel: Nachdem seine Besitzerin einen Autounfall hatte (ohne Pferd), entwickelte ein eigentlich nervenstarker Isländer plötzlich Angst vor entgegenkommenden Lkws. Um ins Ausreitgelände zu kommen, mussten die beiden ein Stück auf einem Landwirtschaftsweg direkt neben einer vielbefahrenen Bundesstraße entlanggehen. Die Besitzerin führte immer. Kam ihnen ein Lkw auf der Bundesstraße entgegen, hielt sie die Luft an und versteifte sich. Der sonst so ruhige, brave Isländer bekam dadurch »es gibt einen Grund, Angst zu haben« signalisiert, stieg, warf sich in der Luft herum, riss sich los und galoppier

te Richtung Heimat. Zuerst spiegelte er nur ihre Angst, aber nach wenigen Malen verselbständigte sich seine »Etwas-Riesiges-kommt-entgegen-Panik« und trat auch bei anderen Menschen auf, egal wie selbstsicher sie in der Situation handelten.

400 Kilo, die sich in der Luft herumwerfen, kann kein Mensch halten, also schnallten wir zwei Führketten ins Halfter und führten ihn von zwei Seiten. Dadurch, dass er von beiden Seiten stabilisiert wurde, konnte er sich nicht zu einer Seite herumwerfen, sondern nur ein bisschen auf der Stelle tänzeln. Schnell lernte der Isländer, die Situation wieder zu ertragen. Seine Besitzerin ging anfangs immer auf der von der Straße abgewandten Seite, die ruhige zweite Person auf der Straßenseite. Als der Isi nach einigen Malen Üben bei entgegenkommenden Lkw nur noch ein bisschen größere Augen bekam, reichte ein unter die Trense geschnalltes Halfter, in das an der kritischen Engstelle ein zweites Führseil eingehakt wurde, um Pferd und Mensch Sicherheit zu geben. Es dauerte ca. ein halbes Jahr Führen von zwei Seiten, bis Pony und Reiterin sich wieder »gemeinsam alleine« hinter einem sicheren Pferd durch die Engstelle wagten. Nach einigen weiteren Monaten gingen beide wieder ohne Begleiter los.

Stillstehen

Stillstehen ist für mich in der Pferderziehung etwas so Grundlegendes wie bei Menschen bitte und danke sagen lernen. Meine Arabohafistute war ein Hampelkasper und ich lernte unter Blut und Tränen konsequent zu sein. Blaue Flecken, abgetretene Zehennägel, beinahe Crashs an der Straße. 1001-mal ein Schritt vorgequengelt, 1001-mal den Schritt rückwärtsgerichtet. Kopfschlagen vor Ungeduld, Volltreffer auf meine Nase, Ponydickschädel leider härter als Menschennase. Die emotionslose, konsequente, sofortige »Hampelkorrektur« ist im Laufe der Zeit zum Automatismus geworden.

Wichtig: Bleiben Sie auf Ihrem Platz stehen, und rangieren Sie das hampelnde Pferd ruhig und bestimmt wieder auf seinen Platz ein. Kein Kommando, kein Loben, sonst hat es sein Ziel, Aufmerksamkeit zu bekommen, erreicht. Ist es sehr unruhig, zählen Sie in Gedanken bis zehn und wenn es solange ruhig gestanden hat, geben Sie das Signal zum Losgehen. Mit der Zeit können Sie die Stillstehzeit verlängern. Zwischendurch das Loben nicht vergessen!

Eher ruhige Zeitgenossen hampeln meistens nicht herum, sondern »schleichen« sich ganz dezent mit einzelnen kleinen Schrittchen davon. Reagieren Sie darauf nicht oder – noch schlimmer – weichen Sie unbewusst zur Seite aus, ist Ihre Chefposition ernsthaft in Gefahr. Also auch kleine Schritte sofort ruhig und emotionslos zurückkorrigieren.

Kopf senken

Die Position des Pferdes mit tiefem Kopf bedeutet Entspannung. Nur ein entspanntes Pferd nimmt den Kopf zum Dösen oder Fressen herunter. Ist es unsicher, trägt es seinen Kopf hoch erhoben und spannt die Halsmuskulatur an. Lernt das Pferd, den Kopf auf Kommando zu senken, kann man sozusagen auf Knopfdruck Entspannung herstellen. Manche Pferde atmen nach dem Kopfsenken erleichtert tief aus.

Probieren Sie, auf welches Signal Ihr Pferd am ehesten mit dem Kopf nach unten nachgibt: Impulsartiges Nach-unten-Ziehen am Führstrick, Druck mit der Hand im Genick oder bei ganz halsstarrigen Exemplaren zusammen mit dem Kommando »Nase tiief« und dem Zug am Halfter notfalls mit einem Leckerli herunterlocken. Auf reinen Zug nach unten kommt meistens Gegendruck. Bewegen Sie den Pferdekopf beim Nach-unten-Ziehen leicht seitlich hin und her. Mit der Zeit reicht ein leichtes Zupfen nach unten zusammen mit dem Stimmkommando.

Körpergefühl entdecken

Um Vertrauen aufzubauen, streichen Sie das Pferd am ganzen Körper sanft und langsam mit der flachen Seite der Gerte ab. Diese Übung fördert das Körpergefühl, und das Pferd lernt, auch Körperteile mit »langer Leitung« zum Gehirn, wie seine Hinterbeine, bewusst wahrzunehmen.

Durchparieren/ Anhalten/Stehenbleiben

Um das Pferd gerade zu halten, können Sie anfangs an der Bande oder an einem Zaun als seitlicher Begrenzung üben (siehe Fotos S. 42+43).

Das Pferd soll auf Kommando anhalten und dabei möglichst das Gewicht auf die Hinterhand nehmen. Bewegen Sie die Gerte etwa einen halben Meter vor dem Pferdekopf einmal ruhig auf und ab. Die Stimmhilfe macht das Pferd aufmerksam mit einem »und«, dann kommt das Kommando »Haaalt«. Reagiert das Pferd noch nicht, tippen Sie mit der Gerte ein- bis dreimal an die Brust oder das Buggelenk. Gehen Sie deutlich vor dem Pferdeauge, und drehen Sie Ihre vom Pferd abgewandte Schulter in Richtung Pferd. Gleichzeitig können Sie das Führseil leicht annehmen und ein kurzes, klares Signal geben.

Das Führseil oder die Führkette sollte nicht zu stark durchhängen, sonst ist der Weg bis zum Impuls zu weit und das Signal kommt ruckartig und unsanft am Pferdekopf an. Aber: Kein Dauerzug auf Kette oder Seil, sonst stumpft das Pferd ab!

Problem: Das Pferd schwenkt mit der Hinterhand herum

Halten Sie den Pferdehals unbedingt gerade. Beginnt das Pferd zu schwanken, tippen Sie mit der Gerte an die äußere Schulter. Führen Sie mit etwas mehr Abstand, und gehen Sie schon beim Anhalten im Halbkreis um das Pferd herum und stabilisieren Sie seine äußere Seite mit der waagerecht gehaltenen Gerte.

Problem: Das Pferd steht offen

Eine gute Vorübung für das Reiten ist das geschlossene Stehen, also Vorderbeine und Hinterbeine stehen jeweils genau nebeneinander. Damit das Pferd nicht ausweichen kann, üben Sie anfangs am besten an der Bande. Ein Helfer hält das Pferd in der Position »Gegenüber«. Korrigieren Sie jeweils das weiter hinten stehende Bein durch Antippen auf der Hinterseite des Röhrbeins oder am Vorderbein in der Beuge des Karpalgelenks.

Problem: Das Pferd nimmt zu wenig Last auf der Hinterhand auf

Viele Pferde stehen gewohnheitsmäßig mit weit nach hinten herausgestellten Hinterbeinen und dadurch durchhängendem Rücken. Korrigiert man sie oft genug, lernen sie irgendwann, in einer für den Rücken gesünderen Position mit

weiter unter dem Körper gestellten Hinterbeinen zu stehen. Nimmt die Hinterhand mehr Last auf, wölbt sich der Rücken automatisch auf. Lehren Sie das Pferd, auf Antippen die einzelnen Beine weiter vor zu setzen. Anfangs können Sie das Bein auch von Hand hochnehmen und an der gewünschten Stelle absetzen. Setzen Sie es zunächst nicht zu weit vorne ab, sonst zieht es durch die Dehnung unangenehm im Rücken.

Problem: Sofortschlaf

Besonders entspannte Pferde knicken manchmal sofort nach dem Halten ein Hinterbein ein und dösen weg. Das durchschnittliche Pferd hat nach der Arbeit noch 23 Stunden Zeit für ein Nickerchen, darum korrigieren wir sofort und hartnäckig. Beispiel eingeknicktes Hinterbein links: Stellen Sie sich rechts neben die Kruppe und schieben Sie das Pferd vorsichtig an der rechten Hüfte zur Seite. Damit es nicht umfällt, muss es mit dem linken Hinterbein Last aufnehmen und sich ganz auf den Huf stellen.

Notbremse installieren!

Stellen Sie sich vor, Sie würden in flottem Galopp im Gelände reiten, und plötzlich taucht ein Fußgänger auf dem Weg vor Ihnen auf. Auf Ihr erschrockenes lautes »Haalt« rammt Ihr Pferd seine Beine in den Boden und steht. Andere Situation: Während Sie etwas aus der Sattelkammer holen, kniebelt Ihr am Putzplatz angebundenes Pferd den Knoten auf und macht sich gemächlich davon. Auf Ihr »Haalt« bremst es brav und lässt sich wieder einsammeln.

So üben Sie sicheres Anhalten auf das Stimmkommando »Haaalt« oder wahlweise »Steeh« als funktionierende Notbremse: Zum Anhalten benutzen Sie jedes Mal zusätzlich zu Körperdrehung und Gertensignal das gewählte Stimmkommando. Körperdrehung und Gertensignal werden mit der Zeit immer mehr reduziert, bis das Pferd auf das Stimmsignal allein anhält. Gehört Ihr Pferd zur lauffreudigen oder hibbeligen Fraktion geben Sie anfangs jedes Mal ein Leckerli, damit das Halten zur Lieblingsübung wird. Faultiere lieben die Übung sowieso, für sie ist stehen bleiben zu dürfen plus Stimm- oder Streichellob normalerweise schon Belohnung genug.

Antraben

Zum Antraben reicht es meist, das Pferd in der Grundposition »aufzuwecken« und mit Stimm- und Gertenhilfe zu beschleunigen. Bei faulen Pferden bauen Sie selbst mehr Körperspannung auf und geben energischere Hilfen. Zur Feinabstimmung suchen Sie sich einen Punkt, an dem Sie antraben oder durchparieren möchten.

Die Führposition »Gegenüber«

Für alle Übungen, bei denen das Pferd kontrolliert einzelne Schritte vorwärts oder seitwärts gehen soll und zum Rückwärtsrichten. Stellen Sie sich leicht seitlich versetzt vor das Pferd, so dass Sie aus der Schusslinie sind, falls es mit dem Vorderbein nach der Gerte schlagen oder unkontrolliert vorwärts büffeln sollte.

Schritt für Schritt vorwärts

Fragen Sie einzelne Schritte vorwärts durch leichtes Zupfen am Führseil und Antippen mit der Gerte auf der Rückseite des Karpalgelenks am gewünschten Vorderbein ab. Soll das Pferd das linke Hinterbein vorsetzen, tippen Sie entweder links oben auf die Kruppe oder falls das Pferd klein genug ist, auf die Rückseite des Röhrbeins.

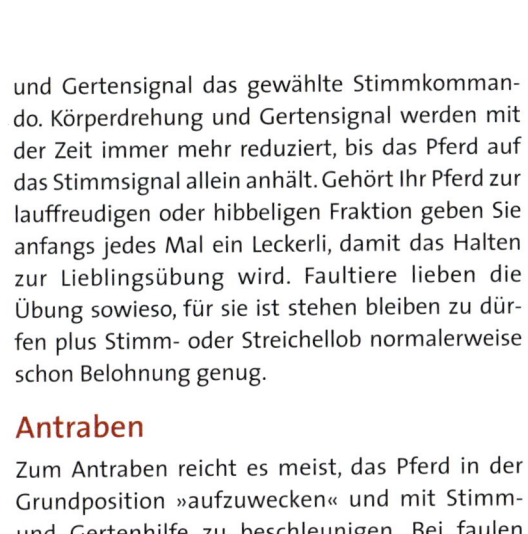

Führposition »Gegenüber«

Rückwärtsrichten in der Position »Gegenüber«

Um dem Pferd das Gerade-rückwärts-Gehen leichter zu machen, können Sie anfangs an der Bande oder an einem Zaun als seitlicher Begrenzung üben, oder Sie bauen sich eine Gasse aus Cavalettis oder höher gelegten Stangen.
Stellen Sie sich mit dem Gesicht zum Pferd, so dass das Pferd und Sie sich gegenüberstehen. Um eine gymnastizierende Wirkung zu erreichen, soll das Pferd bei dieser Übung den Rücken aufwölben und ruhig und kontrolliert rückwärtsgehen. Dazu lassen Sie das Pferd den Kopf bis etwa auf Höhe des Buggelenks senken.
Damit es geradeaus rückwärtsgeht, muss der Hals gerade sein.

Stellen Sie sich betont aufrecht vor das Pferd und bauen ein Konzentrationsband auf. Dann geben Sie das Stimmkommando »zurück«, gleichzeitig einen Rückwärts-Impuls am Führseil und einen Tipp mit der Gertenspitze auf die Brust oder das Buggelenk. Steht das Pferd vorne offen, tippen

Bei diesem gestellten Foto ist gut zu sehen, wie unwohl sich das Pferd mit durchgedrücktem Rücken fühlt.

Sie es auf der Seite an, auf der das Bein weiter vorne steht.

Reagiert das Pferd nicht gleich, geben Sie rhythmisch weitere Impulse am Führseil und Gertentipps auf Brust oder Buggelenk, solange bis es eine Bewegung macht. Bei dickfelligen Exemplaren kann man auch mit dem Gertenknauf tippen. Bei jeder Reaktion des Pferdes, auch wenn sie noch so klein ist, sofort den Druck wegnehmen und loben!

Fragen Sie anfangs immer nur einzelne Rückwärtstritte ab. Fällt dem Pferd das Rückwärtsrichten leichter, lassen Sie es mit tiefem Kopf flüssig, aber nicht hektisch mehrere Tritte rückwärts gehen. Das Aufwölben des Rücken hat dabei eine gymnastizierende Wirkung.

Vorsicht: Hektisches Rückwärts mit hohem Kopf, weggedrücktem Rücken und steifen Beinen kann zu Rückenverspannungen und Widersetzlichkeit führen!

Rückwärts auf gebogenen Linien

Erst wenn das Pferd flüssig mehrere Schritte geradeaus rückwärtsgehen kann, kommen gebogene Linien und Wendungen dazu. Das innere Hinterbein muss dabei mehr Gewicht aufnehmen als das äußere und wird stärker trainiert. Wichtig ist, dass das Pferd dabei gebogen ist und sich nicht wie ein Brett um die Kurve schummelt. Auch auf gebogenen Linien fördert Rückwärtsrichten den aufgewölbten Rücken und baut die Bauchmuskulatur auf, zusätzlich stärkt es die Muskulatur des jeweils inneren Hinterbeins.

Die bequemste Position für ein Pferd ist es, mit gerader Wirbelsäule zu stehen und zu gehen. Allein über die Stellung des Pferdekopfes kann man eine sehr gute Kontrolle der Hinterhand erreichen. In der Bewegung den Kopf leicht zu der Seite wenden, wo die Hinterhand nicht hin soll. Stellt man den Pferdekopf also nach rechts, weicht die Hinterhand nach links aus. Das Pferd möchte die bequeme gerade Position wieder erreichen und geht dazu mit der Hinterhand auf die Seite. Üben Sie am Anfang wenige flüssige Tritte, dann Pause geben. Mit der Zeit können Sie immer längere Strecken abfragen, bis irgendwann ein ganzer Zirkel locker rückwärts geht.

Wendung um die Vorhand – die Hinterhand weichen lassen

Bei der Vorhandwendung bleiben die Vorderbeine am Platz und drehen sich auf der Stelle, die Hinterbeine wenden im Halbkreis um 180° um die Vorhand herum. Anfangs können Sie das Pferd auf dem 2. Hufschlag an die Bande oder neben eine erhöhte Stangenbegrenzung stellen, damit es während der Drehung eine optische Begrenzung nach vorne hat. Sie stehen auf der Außenseite in Dreiecksposition neben dem Pferd

Seitwärts Übertreten auf der linken Hand.

und streichen es ein paarmal mit der flach gehaltenen Gerte von der Schulter bis zur Kruppe ab. Zupfen Sie leicht am Führseil, bis der Kopf ein bisschen in Ihre Richtung zeigt. Dann tippen Sie mit der Gerte an die Stelle, wo der seitwärtstreibende Schenkel läge oder seitlich an die Kruppe, bis das Pferd einen Ausweichschritt macht. Pause, loben. Achten Sie darauf, dass es nicht nach vorne wegläuft, und korrigieren Sie gegebenenfalls durch Zupfen am Führseil.

Wendung um die Hinterhand – die Vorhand weichen lassen

Bei der Hinterhandwendung bleiben die Hinterbeine am Platz und drehen sich auf der Stelle, die Vorhand geht im Halbkreis (um 180°) um die Hinterhand herum. Stellen Sie das Pferd auf dem 2. Hufschlag parallel zur Bande. Sie stehen auf der Außenseite in Dreiecksposition und streichen es ein paarmal mit der flach gehaltenen Gerte

von der Schulter bis zur Kruppe ab. Zupfen Sie leicht am Führseil, bis der Kopf ein bisschen in Ihre Richtung zeigt. Halten Sie den Arm mit dem Führseil leicht ausgestreckt und steif und stellen Sie sich vor, dass Sie damit die Vorhand wie mit einer Stange wegschieben. Dann tippen Sie seitlich an die Schulter bis das Pferd einen Ausweichschritt macht. Pause, loben. Achten Sie darauf, dass es nicht nach vorne oder hinten wegläuft und korrigieren Sie gegebenenfalls durch Zupfen am Führseil.

Das ganze Pferd seitwärts verschieben

Vorübung zum Seitwärts-über-Stangen-Gehen. Das Pferd sollte schon die Vor- und Hinterhand weichen lassen können.

Wir beginnen mit seitwärts Übertreten auf der linken Hand (siehe Fotos oben). Führen Sie das Pferd in der Dreiecksposition und halten Sie Ihren linken Arm leicht ausgestreckt. Holen Sie die Vorhand des Pferdes leicht in die Bahnmitte, und tippen Sie das Pferd im Vorwärtsgehen seitlich an der Kruppe an, bis es die Vorder- und Hinterbeine kreuzt. Achten Sie darauf, dass das Pferd leicht nach innen gebogen ist und den Rücken nicht durchdrückt. Schulterherein im Schritt dehnt die Rückenmuskeln und verbessert die Tragkraft der Bauchmuskulatur.

Abstellung variieren

Stellen Sie das Pferd mit dem Kopf auf dem 2. Hufschlag im 90°-Winkel zur Bande und halten Sie die Gerte längs neben seinen Körper. Berühren Sie es ein paarmal mit der ganzen Gertenlänge, dann tippen Sie es solange an, bis es einen Schritt zur Seite geht. Geht es nur mit den Vorderbeinen, tippen Sie hinten etwas mehr, geht es nur hinten seitwärts, tippen Sie vorne. Bleiben Sie entspannt, wenn es anfangs »Beinsalat« gibt. Manche Pferde brauchen eine ganze Weile, bis sie alle vier Beine gleichzeitig koordiniert bekommen.

Freies Stehen

Ziel: Das Pferd bleibt an einem festen Platz unangebunden und ohne zu hampeln oder zu fressen gelassen stehen. Realistisch gesehen kann man das freie Stehen ohne wegzulaufen vom Beutetier Pferd nur verlangen, solange es sich im unmittelbaren Einflussbereich des Menschen befindet. Das Pferd irgendwo »abstellen« und nach einer Viertelstunde wiederkommen, vergleichbar mit dem »Ablegen« des Rudeljägers Hund, funktioniert nicht.

Freies Stehen kann man gut »nebenher« beim Putzen trainieren oder in einer optischen Begrenzung, zum Beispiel ein Cavaletti-U auf einem eingezäunten Platz. Benutzen Sie immer das gleiche Stimmkommando, zum Beispiel: »bleiben«. Lassen Sie das Pferd halten, legen Sie den Führstrick über den Hals und bewegen Sie sich mit zum Pferd geneigtem Oberkörper und abwehrend ausgestreckten Händen einen Schritt rückwärts vom Pferd weg. Dabei wiederholen Sie das Stimmkommando.

Natürlich muss ich hier auf die Sicherheit verweisen und anraten, das freie Stehen nur innerhalb eines eingezäunten Bereichs abzufragen.

Ist das Pferd zuverlässig ausgebildet, finde ich persönlich diese Übung für Orte ohne Anbindemöglichkeit sehr praktisch, zum Beispiel auf Außenweiden, auf Wanderritten und Veranstaltungen. Ein gewisses Risiko ist beim Fluchttier Pferd trotzdem immer dabei, daher sollten keine größeren Straßen oder Bahnlinien in der Nähe sein. Mein Pferd ist auf den geöffneten Kofferraum als Fixpunkt trainiert. Am besten, man parkt das Auto an einem Zaun oder einer anderen Abgrenzung und stellt das Pferd mit dem Kopf in Richtung Kofferraum. So sind schon zwei Seiten optisch begrenzt und keine lockende Weite oder grüne Wiese direkt vor seiner Nase. Ich achte darauf, dass mein Pferd ganz entspannt ist, da sonst Fluchtgefahr besteht! Ideal ist, wenn das Pferd auf das Kommando »Halt« auch aus der Entfernung reagiert.

Thema Ground Tying

Zum Ground Tying, also als Signal für das freie Stehen den offenen Zügel bzw. den Führstrick auf den Boden zu legen, gibt es verschiedene Meinungen. In Westernkreisen und auf Island ist es weit verbreitet. Ich habe es früher mit gebisslosen Zäumungen auch verwendet. Senkt das Pferd den Kopf, zum Beispiel zum Grasen, tritt auf das Seil und möchte beim nächsten Schritt den Kopf hochnehmen, gibt es einen heftigen Ruck am Halfter.

Bekommt das Pferd dann Panik und reißt heftig den Kopf hoch, während der Huf noch auf dem Seil steht, kann es sich an der Halswirbelsäule verletzen. Darum lege ich den Strick lieber über den Hals oder mache ihn gleich ganz ab.

Ferngesteuertes Pferd

Kommando »Halt« aus der Entfernung trainieren

Bevor Sie es mit dem freilaufenden Pferd versuchen, sollte das Pferd das Stimmkommando »Halt« schon kennen und ohne weitere Gerten- oder körpersprachliche Signale anhalten. Üben Sie das Anhalten häufig, und geben Sie jedes Mal ein Leckerli, wenn das Pferd nur auf Stimmkommando reagiert. Lassen Sie den Führstrick dabei immer länger, und halten Sie mehr seitlichen Abstand vom Pferd. Klappt das zuverlässig, können Sie die Übung mit dem freilaufenden Pferd fortsetzen. Üben Sie auch, wenn das Pferd im Paddock oder auf der Weide unterwegs ist, und sparen Sie nicht mit Leckerli. Ein zuverlässig installiertes »Halt« könnte eines Tages Ihr Leben retten!

Kommando »Komm« aus der Entfernung trainieren

Stellen Sie sich einen Meter vom Pferd entfernt auf und kramen Sie auffällig in Ihrer Leckerlitasche. Dazu geben Sie das Stimmkommando »komm«. Macht das Pferd einen Schritt auf Sie zu, bekommt es natürlich ein Stimmlob und das Leckerli. Bei den meisten Pferden können Sie den Abstand schnell vergrößern. Kommt das Pferd ungerufen und fängt an zu betteln oder Sie anzuknabbern, schicken Sie es energisch weg. Schüchterne Pferde trauen sich nicht, direkt auf den ranghöheren Menschen zuzugehen. Drehen Sie sich so vom Pferd weg, dass Sie es nicht frontal anschauen, und halten Sie das Leckerli in der seitlich ausgestreckten Hand.

Tanz mit dem Pferd

Eine entspannte, freudige Trainingsatmosphäre und viele Erfolgserlebnisse schaffen eine innere Verbindung zwischen Pferd und Mensch: das »Konzentrationsband«.

Feine Signale

Nach einigem Üben wird Ihr Pferd auf immer feinere Signale reagieren:

- **Gerte kurz wenige Zentimeter heben = anhalten.**
- **Federleichtes Zupfen am Führseil = in der Gegenüberposition einen Schritt auf mich zu machen.**
- **Körperspannung aufbauen, Körper etwas mehr aufrichten = Pferd wird aufmerksam und passt auf, was als Nächstes kommt.**
- **Kleine Körperdrehungen bremsen, beschleunigen und »lenken« das Pferd.**

Testen Sie, ob die Kommunikation stimmt

Geht Ihr Pferd auf ein Signal

- einen einzelnen Schritt vorwärts/rückwärts/seitwärts, danach halten?
- mit jedem gewünschten Bein einzeln einen Schritt vorwärts/rückwärts/seitwärts?

- drei Schritte am Stück vorwärts/rückwärts/ seitwärts?
- Können Sie nur einen halben Schritt abfragen?
- Können Sie das Pferd jederzeit mitten aus der Bewegung anhalten?

Konzentrationsprobleme

Bei einer Übung, die sehr genau ausgeführt werden muss, zum Beispiel die Beine in halben Schritten einzeln über eine Stange setzen, fängt das Pferd an, zu hampeln, überzureagieren oder auszuweichen. Möglicherweise ist es mit der Übung noch überfordert oder ist nicht mehr genug Konzentration da, wenn schon zu lange geübt wurde. Vielleicht ist es einfach nicht bereit zuzuhören. Setzen Sie zwei oder drei exakte Schritte durch, dann freuen, loben, Übung beenden!

Einfluss der Haltung

Regt sich Ihr Pferd schnell auf, schnorchelt, und ist schwierig zu handeln?

Übermäßiger Bewegungsdrang und Schreckhaftigkeit hängen oft mit den Haltungsbedingungen zusammen. Sperrt man ein Pferd 23 Stunden am Tag in der Box ein und bewegt es dann eine Stunde in der benachbarten Reithalle, braucht man sich nicht zu wundern, wenn es beim leisesten Rascheln in die Luft geht. Fehlende Außenreize, kaum Sozialkontakt und zu wenig freie Bewegung lassen aus dem ruhigsten Pferd eine unberechenbare Rakete werden!

Nicht immer und überall findet sich der perfekte Offenstall mit riesigen Koppeln. Trotzdem können Sie einiges tun, um ungünstige Haltungsbedingungen zu verbessern: Ein Plätzchen für einen kleinen Paddock mit Elektrozaun findet sich fast überall. Vielleicht könnten die Pferde vormittags gruppenweise auf den dann nicht genutzten Reitplatz gestellt werden? Überdenken Sie Ihre Pferdehaltung – bestimmt fallen Ihnen ein paar Verbesserungsmöglichkeiten dazu ein.

6 Bodenarbeits-Hindernisse

mit Schwerpunkt Körperbeherrschung

6. Bodenarbeitshindernisse mit Schwerpunkt Körperbeherrschung[8]

Einige Hindernisse und/oder Übungen gehören zu beiden Themenkreisen Körperbeherrschung und Anti-Schrecktraining. Ich habe sie jeweils dem Kapitel zugeordnet, das mir das wichtigere erschien. Das kann jedoch von Pferd zu Pferd verschieden sein: Das moppelige Pony, das niemals das Rückwärtsgehen gelernt hat, hat beim Hängertraining eher Koordinationsprobleme, während ein nervöses Vollblut, das fast nur in der Halle geritten wird, vielleicht vor der hohl klingenden Rampe Angst bekommt.

Beim schrittweisen Überwinden der Hindernisse werden das Körpergefühl des Pferdes sowie seine Selbstsicherheit entwickelt und gefestigt. Das Gleichgewicht verbessert sich. Das Pferd lernt, seine Schrittlänge zu variieren, jedes einzelne Bein zu koordinieren und bewusst abzusetzen.

Aufwärmphase

Die Arbeit mit den Hindernissen sollte erst nach einer Aufwärmphase begonnen werden. Das Pferd sollte ruhig und konzentriert sein, sonst ist die Verletzungsgefahr zu groß. Eine gute Übung dafür sind Übergänge und Tempowechsel.

Das Konzentrationsband aufbauen

Um das Pferd zur Mitarbeit zu bringen und ein Konzentrationsband zwischen Pferd und Mensch aufzubauen, verlangt man kurz hintereinander verschiedene Aufgaben, zum Beispiel:
In ruhigem Tempo vier Schritte vorwärts, halten, drei Schritte rückwärts, dann vorwärts in eine Linkswendung, Pferd wieder gerade stellen, halten, eine größere Strecke in flotterem Tempo geradeaus, anhalten, rückwärts, vorwärts in eine Rechtswendung, halten, Pause – Pferd nachdenken lassen.

Bei der Arbeit mit den Koordinationshindernissen wie Stangen und Reifen kennt das Pferd dieses ruhige Schritt-für-Schritt schon und lässt sich leichter dirigieren.

Das gut vorbereitete Pferd sieht aufmerksam und konzentriert aus, richtet ein oder beide Ohren auf Sie und wartet gelassen auf weitere Aufgaben.

Übungen mit Stangen

Eins der wichtigsten Utensilien für die Bodenarbeit sind Stangen. Übungen mit Stangen fördern die Balance, das Gefühl für jedes einzelne Bein und die Konzentrationsfähigkeit. Durch das Heben der Beine beim Übersteigen der Stangen werden die Muskeln in Rücken, Bauch, und Beinen gedehnt und trainiert.

Holzstangen

Die klassischen, schweren Springstangen aus Holz, ein- oder mehrfarbig gestrichen, sind in vielen Ställen vorhanden und sehr gut geeignet, da sie sich nicht so leicht verschieben und die Pferde Respekt vor ihnen haben.

Holzstangen lassen sich auch einfach selbst herstellen: z.B. entastete Fichtenstangen, kleine Baumstämme oder große Äste, naturfarben oder angestrichen. Oder man besorgt sich Rundhölzer aus dem Holzhandel (Durchmesser mindestens 10 cm). Holzstangen halten um einiges länger, wenn sie trocken gelagert werden und sollten

[8] Alle Übungen zur Körperbeherrschung sind mit »K« bezeichnet und durchnummeriert.

deshalb nach jedem Üben unter Dach gebracht werden. Dafür ist Holz ein nachwachsender Rohstoff und schont die Umwelt.

Kunststoffstangen

Die meisten **Kunststoffstangen** sind hohle Leichtgewichte aus schlagzähem PVC und fliegen deshalb schon beim geringsten Anstoßen weg. Meistens haben sie an den Enden Stöpsel, so dass man Sand einfüllen kann. Füllt man nicht zu viel Sand ein, sind sie problemlos zu transportieren und als weiteres Plus wetterfest.

Flexible Schläuche mit einer Hülle aus Cordura-Stoff oder LKW-Plane mit einem Kern aus Schaumstoffbalken sind eine weitere Alternative. Ihr großer Vorteil ist die geringe Verletzungsgefahr, dafür nehmen sie manche Pferde wegen ihrer Weichheit nicht ernst. Sie können im Freien aufbewahrt werden.

Bunte Poolnudeln sind günstig und leicht zu bekommen, aber fliegen praktisch schon vom Luftzug des Vorbeilaufens weg und verbiegen sich gern bananenförmig. Binden Sie die Nudeln einfach der Länge nach an dünnen Holzstangen fest. Die Stangen sind dadurch abgepolstert und bringen das nötige Gewicht und die gewünschte Stabilität.

Stangenhindernisse

Bei der Zusammenstellung der Stangen gibt es fast unendlich viele Möglichkeiten. Stangen können als Begrenzung dienen oder als Hindernis überwunden werden. Beginnen Sie mit wenigen Stangen, und legen Sie Autobahnen statt Trampelpfade. Je enger und höher die Stangen liegen, desto höher ist der Schwierigkeitsgrad der Hindernisse.

K1 – Eine Stange Schritt für Schritt überwinden

In ruhigem und konzentriertem Schritt auf die Mitte der Stange zugehen. Direkt vor der Stange halten. Lassen Sie das Pferd den Kopf senken und das Hindernis bzw. die Stange anschauen. Drehen Sie sich in die Dreiecksposition, damit Sie mehr Kontrolle über jedes einzelne Bein haben. Bei Pferden, die nach dem Motto »Augen zu und durch« durch das Hindernis poltern (zu viel Vorwärtstendenz), hilft die bremsende Gegenüberposition.

Machen Sie das Pferd durch leichtes Zupfen am Führseil aufmerksam, und lassen Sie es in Ruhe einen Schritt mit dem ersten Vorderbein über die Stange machen. Dazu tippen Sie dem Pferd mit der Gerte oben auf die Kruppe oder alternativ auf die Rückseite des Vorderbeins am Karpalgelenk. Um dem Pferd das Bein bewusst zu machen, können Sie vorher das ganze Bein mit der Gerte abstreichen. Einmal antippen, kommt keine Reaktion, wieder einmal tippen, reagiert das Pferd immer noch nicht, mehrere »Tipps« in Folge, solange bis das Pferd eine Bewegung macht. Bei der kleinsten richtigen Reaktion sofort den Druck wegnehmen, sprich mit Tippen aufhören. Machen Sie eine Körperdrehung im Halbkreis vor das Pferd, damit es nach einem Schritt sofort wieder hält. Büffelt das Pferd trotz Ihrer Körperdrehung weiter nach vorne, Stimmkom-

Stangenarbeit: »Hoch das Bein«, das Pferd orientiert sich am Takt der Pferdeführerin.

mando »halt«, dazu die Gerte bremsend vor die Brust halten oder an der Brust antippen. Freuen, loben, kurze Denkpause. Dann das Gleiche mit dem zweiten Vorderbein, halten, loben, Pause, dann folgen die Hinterbeine jeweils einzeln.

Hat das Pferd das Hindernis ganz überwunden, lassen Sie es noch ca. 30 Sekunden ruhig stehen, damit sich das Gelernte »setzen« kann.

K2 – Schrittstangen (walk over)

Abstand ca. 0,40–0,70 m (je nach Pferdegröße) Beginnen Sie mit zwei bis drei Stangen, Standardgröße: vier Stangen

Varianten:
- Stangen wechselseitig erhöht
- engere oder weitere Abstände
- unterschiedliche Abstände
- mehr Stangen (bis zu acht)

Pferd mit jedem Bein einzeln nacheinander über alle Stangen gehen lassen.
Flüssiges Überwinden der Stangen fördert den Schwung, den Aufbau der Rückenmuskulatur und die Trittsicherheit. Das Pferd lernt, seine Schritte zu verlängern oder zu verkürzen und die Beine zu heben. Gehen Sie im ruhigen taktvollen Schritt auf die Mitte der Stangen zu und heben Sie Ihre eigenen Beine beim Übersteigen der Stangen übertrieben hoch, wie der Storch im Salat, um das Pferd aufmerksam zu machen.

K3 – Trabstangen (jog over)

Abstand ca. 0,90–1,20 m (je nach Pferdegröße)

Varianten:
- Stangen wechselseitig erhöht
- mehr Stangen (bis zu acht)

K4 – Galoppstangen (lope over)

Abstand ca. 1,80–2,20 m (je nach Pferdegröße) In der Bodenarbeit eher für sportliche Menschen geeignet oder für kleine Ponys oder dressurmäßig weit geförderte Pferde, die gesetzt galoppieren können.

K5 – Stangengasse

Abstand ca. 0,80–1,5 m, anfangs etwas weiter legen.

Varianten:
- Stangen erhöht
- Trichter. Der Trichter ist sehr gut geeignet, um ein Pferd an ein anderes Hindernis heranzuleiten.

Die Gasse ist die Grundform für viele Stangenhindernisse und ideal, um vorwärts oder rückwärts durch und seitwärts über Stangen zu üben. Lassen Sie das Pferd zuerst ein paar Mal vorwärts durch die Gasse gehen. Sie führen in der Grund- oder Dreiecksposition und gehen selbst neben der Gasse. Ist das Pferd sehr unsicher, können Sie die Gasse auf zwei Meter Breite legen und gemeinsam mit Ihrem Pferd durchgehen.

Nach und nach üben Sie das gesamte Programm:
- vorwärts Schritt für Schritt durchgehen – ein Schritt – halten – zwei Schritte – halten
- rückwärts Schritt für Schritt durchgehen – ein Schritt – halten – zwei Schritte – halten
- flüssig rückwärts treten lassen
- Pferd T-förmig vor die Gasse stellen und seitwärts treten lassen
- Pferd mit den Vorderbeinen über die erste Stange stellen und seitwärts treten lassen
- beim Seitwärts variieren zwischen ein Schritt – halten – zwei Schritte – halten und flüssig seitwärts treten lassen

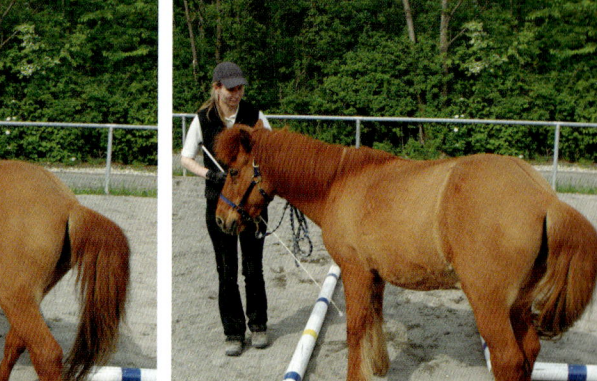

Rückwärts im L: Leiten Sie die Wendung vor der Ecke rechtzeitig ein.

K6 – Stangen-L

Aus zwei Stangengassen entwickelt sich das Stangen-L. Abstand ca. 0,80–1,50 m, anfangs etwas weiter legen.

Übungen im L:

Vorwärts durch das L, anfangs Schritt – halten, Schritt – halten

Halten Sie das Pferd vor der Ecke an, und wenden Sie seinen Kopf durch leichtes Zupfen am Führseil und/oder Zeigen mit der Gerte in die neue Richtung ab. Dann lassen Sie es mit gebogenem Hals losgehen.
Ziel: Das Stangen-L langsam und konzentriert, aber flüssig und in der Ecke gebogen vorwärts und rückwärts durchqueren.

Rückwärtsrichten (back up):

Siehe auch Kapitel 5. Möchten Sie rückwärts in das L einfädeln, achten Sie darauf, dass das Pferd gerade in das L hineingeht.

Rückwärts treten um die Kurve, um Pylonen, im Stangen-L:

Die bequemste Position für ein Pferd ist es, gerade/mit gerader Wirbelsäule zu stehen. Man stellt sich die Wirbelsäule des Pferdes wie eine lange Stange vor. In der Bewegung den Kopf leicht zur Seite wenden. Das Pferd möchte die bequeme gerade Position wieder erreichen und geht dazu mit der Hinterhand auf die Seite. Stellt man also den Pferdekopf nach rechts, weicht die Hinterhand nach links aus. Ist hinter dem Pferd kein Platz mehr, lassen Sie es ein oder zwei Schritt mit der Vorhand herumgehen.

Probleme in Stangenhindernissen wie

- anstoßen, Stangen verschieben,
- zu viel drehen und heraustreten,

- mit der Kruppe nach einer Seite wegdriften,
- hektisch und übereilig

lassen sich durch mehr Ruhe und Zeitgeben beim Üben meistens gut lösen: Legen Sie die Stangen etwas weiter auseinander. Lassen Sie das Pferd vor dem Hindernis halten und dann den Kopf senken. Dabei atmen Sie bewusst aus und lassen sich etwas zusammensinken. Damit signalisieren Sie ihm: »Du kannst Dich entspannen.« Warten Sie, bis es den Kopf wieder »eingeschaltet« hat, und fordern dann wenige ruhige Schritte/Tritte. War die Ecke das Problem, hören Sie nach gemeisterter Ecke auf. Wird es zwischendurch wieder hektisch, lassen Sie es anhalten, den Kopf senken und entspannen.

Ist das Pferd eher träge und dotzt öfter gegen die Stangen, werden Sie langsamer und geben überdeutliche Hilfen. Zwischendurch öfter halten und unverhofft die Richtung wechseln bringt das Pferd dazu, sich mehr zu konzentrieren. Um ihm seine Beine bewusst zu machen, hilft es, sie mit der Gerte in Haarwuchsrichtung abzustreichen und mit der Gertenspitze leicht auf den Huf zu klopfen.

Seitwärtstreten über einer Stange

Voraussetzung: Das Pferd sollte flüssig und problemlos seitwärts gehen (siehe Kapitel 5).

Die Stange unter dem Bauch irritiert anfangs viele Pferde und sie trauen sich nicht seitwärts. Bevor Sie damit beginnen, sollte das Pferd alle Teilstücke dieser Aufgabe sehr gut beherrschen, also flüssig in jeder Position in der Bahn seitwärts gehen und nach Belieben halten und weitergehen. Dann sollte es an die Stange zwischen Vorder- und Hinterbeinen gewöhnt sein. Üben Sie öfters mit den Vorderbeinen über die Stange

gehen und halten. Die dritte Vorübung ist seitwärts gehen direkt hinter der Stange. Klappt das alles problemlos, führen Sie das Pferd in der Dreieckssposition über die Stange und fragen erstmal einen Schritt seitwärts ab. Findet das Pferd es noch gruselig, probieren Sie weiter, bis es sich einen Schritt seitwärts traut, dann Pause, loben, kurz nachdenken lassen und das Hindernis vorwärts verlassen. Geht es den Schritt problemlos seitwärts, können Sie nach Lob und kurzer Denkpause noch einige Schritte versuchen.

Auf Wettbewerben wird meistens das Seitwärts über Stangen »um die Ecke« verlangt, zum Beispiel im Stangen-L oder Stangen-Z: Dazu muss das Pferd je nach Richtung eine Vorhandwendung oder Hinterhandwendung beherrschen. Bauen Sie für den Anfang eine »freundliche« Ecke, also nicht gleich 90°, sondern weniger spitzwinkelig, zum Beispiel 110°. Lassen Sie das Pferd seitwärts über die erste Stange gehen und halten Sie es vor der Ecke an. Dann lassen Sie es ganz langsam Schritt für Schritt mit der Hinterhand um die Ecke weichen. Achten Sie darauf, dass das Pferd nicht vorwärts oder rückwärts ausweicht. Je ruhiger Sie seine Bewegungen abfragen, desto leichter können Sie Abweichungen korrigieren.

K7 – Stangen-Quadrat (Stangen-Box)

(Seitenlänge = Stangenlänge oder bei übereinander gelegten Stangen 1,70–1,90 m Seitenlänge)

Varianten:
- Stangen in den Ecken übereinander legen
- Stangen erhöht legen (z. B. auf Autoreifen)

Übungen:
- Geradeaus in die Box gehen, halten, wenn die Vorderbeine die erste Stange übertreten haben,

Vorhand zeigt Richtung Boxmitte, mit der Stange zwischen Vorder- und Hinterbeinen seitwärts einmal herum (mit Vorhandwendung in den Ecken).

■ Geradeaus durch die Box gehen, halten wenn die Vorderbeine die zweite Stange übertreten haben und die Hinterhand zur Boxmitte zeigt. Stange zwischen Vorder- und Hinterbeinen, seitwärts einmal herum (mit Hinterhandwendung in den Ecken).

■ Geradeaus in die Box gehen, halten wenn alle vier Beine in der Box sind, 270°- oder 360°-Drehung bzw. 180°- oder 360°-Mittelhand-Wendung oder Hinterhand-/Vorhandwendung kombiniert. Fördert Koordination und Zuhören.

■ Parken – frei in der Box stehen bleiben (siehe »Stillstehen im Hindernis«)

■ Diagonal durch die Box gehen, Pferd muss über die in den Ecken übereinander gelegten Stangen steigen, ohne anzustoßen. Fördert das Aufpassen und Beineheben.

Viele Buchstaben lassen sich gut als Stangenhindernis legen, zum Beispiel:

■ Stangen-T
■ Stangen-U
■ Doppel-U
■ Stangen-W
■ Stangen-Z

Alle Stangenhindernisse bieten vielfältige Möglichkeiten, Vorwärts-, Rückwärts- und Seitwärtsübungen immer wieder neu zu kombinieren.

K8 – Stangenfächer

Vier Stangen werden zu einem Viertelkreis gelegt, Stange eins und Stange vier liegen im 90°-Winkel, die anderen beiden Stangen mit gleichmäßigen Abständen dazwischen. Das Pferd soll auf gebogener Linie über die Stangen

Stillstehen im Hindernis

Balancieren

gehen. Bei dieser Aufgabe müssen Sie die ideale Linie vorgeben. Je kleiner das Pferd, umso weiter innen muss es gehen.

Die Übung gymnastiziert durch die Biegung und kräftigt das innere Hinterbein, das unter den Körperschwerpunkt treten muss.

Varianten:
- Stangen innen und/oder außen höher legen
- unterschiedliche Abstände
- mehr Stangen (bis zu acht)

K9 – Stangen-Mikado

Die Stangen liegen kreuz und quer über- und hintereinander, das Pferd muss in die Lücken treten. Suchen Sie die Ideallinie. Das Pferd lernt genau zuzuhören und seine Beine zu sortieren.

Stangen-Mikado

Varianten:
Stangen unterschiedlich hoch legen, z.B. auf Autoreifen, Strohballen, Hindernisblöcke.

K10 – Stillstehen im Hindernis

Einen Kreis, ein Dreieck oder Viereck aufbauen, in dem das Pferd alleine ruhig stehen bleiben muss, während der Mensch außen herum geht, rennt, hüpft, dabei kreischt oder beschwörend auf das Pferd einredet, Bälle wirft, Glocken läutet usw. usw.

Vorübung siehe »Freies Stehen« (Kapitel 5)

Material: Stangen, Cavaletti, Kunststoffspringblöcke, Tonnen, Eimer und alles, was sonst herumliegt und keine Verletzungsgefahr bietet.

leicht: erhöhte Begrenzung, wie Cavaletti oder Hindernis-U

mittel: Stangen auf dem Boden

schwer: flache Markierung zum Beispiel Linien aus ausgestreuten Sägespänen

höllisch schwer: Futtereimer in der Nähe außerhalb der Markierung aufstellen

K11 – Balanceakt für Fortgeschrittene

Längs über eine Stange zu gehen, also linkes Vorder- und Hinterbein links von der Stange, rechtes Vorder- und Hinterbein rechts von der Stange – fällt den meisten Pferden anfangs sehr schwer. Je schmaler das Pferd ist, bzw. je enger zusammen es seine Hufe normalerweise setzt, umso schwerer. Diese Übung fördert stark die Konzentration und das Gleichgewichtsgefühl.

Legen Sie die Stange anfangs parallel zur Bande an den inneren Rand des Hufschlags, damit das Pferd eine seitliche Führung hat. Stellen Sie sich breitbeinig mit je einem Bein links und rechts der Stange in der Position »Gegenüber« vor Ihr Pferd, rangieren Sie es in einzelnen winzigen Schritten so ein, dass seine Vorderbeine links und rechts der Stange stehen. Pferd stehen lassen, Kopf senken und die Stange anschauen lassen, Lob, Leckerli. Probieren Sie erste kleine Schritte mit den Vorderbeinen über der Stange. Tritt das Pferd mit beiden Beinen auf eine Seite, weisen Sie es mit längs an den Körper angelegter Gerte wieder zurück. Seien Sie anfangs mit wenigen Schritten mit den Vorderbeinen zufrieden, und beenden Sie diese Übung für heute. Die Hinterbeine erst dazunehmen, wenn das Pferd mit den Vorderbeinen keine Schwierigkeiten hat. Bleiben Sie geduldig! Es kann einige Wochen dauern, bis das Pferd eine ganze Stangenlänge »balancieren« kann.

Probleme und Lösungswege

Selbstläufer

Erfahrene, selbstbewusste Pferde werden manchmal nachlässig. Sie sagen »ich weiß, wie es geht«, absolvieren die Hindernisse wie »im Schlaf« und lassen sich dabei von dem kleinen Menschlein neben ihnen nicht beirren. Dagegen hilft viel Abwechslung, Aufmerksamkeit durch Übergänge und Tempowechsel fordern, viel Lob und Leckerli für aufmerksame Mitarbeit, Hindernisse verändern, Stangen höher oder enger legen, nur Teilstücke der Übung machen oder erst in der zweiten Hälfte anfangen.

Das Pferd frisst die Stange an

oder das Pferd hat die Aufgabe schon mehrmals korrekt gelöst und spielt beim weiteren Versuch lieber Stangenmikado.

So zeigt das Pferd Langeweile und Unterforderung. Das heißt, Sie können die Anforderungen heraufsetzen und ihm neue und komplexere Aufgaben stellen. Also beispielsweise vor der Stange halten, drei Schritte nach rechts seitwärts, beide Vorderbeine vorwärts über die Stange, zwei Schritte seitwärts nach links, dann beide Hinterbeine vorwärts über die Stange und schließlich wieder rückwärts mit allen vier Beinen über die Stange.

Stangensalat

Das Pferd bewegt sich eher »kopflos«, also trampelt einfach irgendwohin und produziert einen Stangensalat. Einige Tage bis Wochen Pause und an der Koordination und Feinheit weiterarbeiten. Siehe Beispiel »Zeit zum Nachdenken geben« in Kapitel 2.

K12 – Vertrauen und Gleichgewicht (diesmal für Menschen)

Ein Cavaletti auf eine beliebige Höhe je nach Mut legen. Stellen Sie sich auf ein Kreuz und halten das Pferd auf einer Seite. Steht das Pferd ruhig, beginnen Sie, über die Stange zu balancieren. Das Pferd sollte Schritt für Schritt mitkommen und sich als Stütze seines wackeligen Menschen nutzen lassen. Am anderen Ende angekommen, rangieren Sie das Pferd um das Cavaletti-Kreuz herum und balancieren auf der Stange zum Ausgangspunkt zurück. Alternativ können Sie auch eine Reihe aus stabilen umgedrehten Eimern aufbauen.

K13 – Sprung über ein Cavaletti

Das Pferd soll am lang gelassenen Seil über ein Cavaletti oder kleines Hindernis springen. Voraussetzung ist, dass das Pferd auch in höherem Tempo zuverlässig neben Ihnen herläuft, ohne ständig angetrieben werden zu müssen. Legen Sie das Cavaletti zuerst auf die niedrigste Position und gehen Sie im Schritt darüber. Lassen Sie das Pferd anfangs aus dem Trab springen, Galopp könnte in Buckeln und Ausschlagen oder sogar Losreißen enden.

leicht: Sie springen mit über das Hindernis
schwer: nur das Pferd springt, Sie laufen neben dem Hindernis vorbei

Übungen mit Pylonen, Reifen & Co.

Pylonen (oder notfalls Autoreifen) sind ein gutes Mittel, um Biegungen zu üben. Hektische Pferde werden gebremst, unaufmerksame lernen sich zu konzentrieren. Das Pferd lernt, Last auf dem inneren Hinterbein aufzunehmen. Die Pylonen können immer wieder zu neuen Figuren aufgestellt werden, so bleibt es spannend und das Pferd lernt, genau hinzuschauen. Pylonen sind sehr praktisch als Zusatz für andere Hindernisse, zum Beispiel als seitliche Begrenzung, um die das Pferd außen herumgehen soll und als Bahnmarkierung, zum Beispiel als Wendepunkt.

K14 – Achten um zwei Pylonen
Stellen Sie zwei Pylonen in ca. zwei Metern Abstand auf und üben Sie Achten vorwärts und rückwärts. Später können Sie den Abstand verkleinern.

K15 – Schlüsselloch
Man stellt drei Pylonen zu einem Dreieck auf. Das Pferd muss vorwärts oder rückwärts zwischen zwei Pylonen durch und um die dritte herum wieder zwischen den ersten beiden durchgehen.

K16 – Pylonendreieck
Sechs Pylonen werden zu einem gleichseitigen Dreieck aufgestellt. Führen Sie das Pferd in immer neuen Kombinationen von Volten und Achten vorwärts und rückwärts hindurch.

K17 – Pylonenslalom
Stellen Sie eine beliebige Anzahl Pylonen in eine Reihe und lassen Sie das Pferd im Slalom vorwärts und rückwärts hindurchgehen. Laufen Sie anfangs im Slalom mit durch die Pylonen, und bringen Sie das Pferd durch Ihre Körperdrehung zum Abwenden und in die Biegung.

Schwierigere Varianten:
- Sie gehen geradeaus und lassen nur das Pferd im Slalom um die Pylonen gehen.

Rückwärts durchs Pylonendreieck

oben: Das Podest   unten: Übungen mit Reifen

■ Rückwärtsrichten im Slalom um Pylonen
mit seitlicher Stangenbegrenzung:
Legen Sie zwei Stangen so weit entfernt links
und rechts der Pylonenreihe, dass das Pferd
nur noch ganz flache Bögen gehen kann.

K18 – Podest

Ein einfaches Podest lässt sich leicht aus
Europaletten selber bauen: zwei bis drei Paletten
übereinander verschrauben oder eine Palette auf
Autoreifen anschrauben. Bei schwereren Pferden
noch 4–6 cm dicke Bohlen als Trittfläche auf der
obersten Palette mit Schrauben befestigen.
Andere Möglichkeiten sind eine große Kabel-
trommel aus Holz oder eine sehr große Baum-
scheibe (Durchmesser mindestens 50 cm, nicht
über 30 cm hoch, sonst ist die Kippgefahr zu
groß).
Vorsicht: Holz wird bei Nässe sehr rutschig! Steht
das Podest draußen, sollten Sie nur bei Trocken-
heit üben oder einen robusten Teppichboden als
Rutsch-Schutz flächig aufkleben und an den
Rändern mit großen Unterlegscheiben verschrauben. Der Nachteil dieser Konstruktionen

Merkbox Podest

Material: Standsicheres Podest mit rutsch-sicherer Oberfläche
Vorübungen: Pferd an das Betreten von hohl klingendem Untergrund wie Holzbohlen oder Brücke gewöhnen
Ziel: Pferd steigt souverän mit den Vorderbeinen auf das Podest, bleibt sicher stehen und steigt problemlos rückwärts wieder herunter.
Variationen:
■ *Pferd steht mit allen vier Hufen auf dem Podest. Die meisten Podeste sind so klein, dass das nur mit »zusammengeschobenen« Vorder- und Hinterbeinen (Bergziege) geht. Mindestgröße Podest für Pferd in Haflingergröße: ca. 60 cm*
■ *Vorhandwendung: Die Hinterbeine gehen um das Podest herum, die Vorderbeine drehen sich auf dem Podest mit*
■ *Zwei Pferde stehen mit den Vorderbeinen nebeneinander oder gegenüber auf dem Podest*
■ *Pferd steht mit einem Vorderbein auf dem Podest und »winkt« mit dem anderen. Voraussetzung: Das Pferd hat gelernt, das Vorderbein auf Antippen zu bewegen.*

Merkbox Reifenparcours

Material: Mindestens fünf Autoreifen ohne Felgen
Vorübungen: Einen Reifen in eine Stangengasse legen, Pferd hinführen, Kopf senken und den Reifen betrachten lassen
Pferd über den Reifen führen. Macht es ohne Anzeichen von Angst einen großen Schritt darüber, tritt es hinein oder auf den Reifen, können Sie zur Übung mit mehreren Reifen übergehen.
Übungen: Mindestens fünf Reifen mit ca. 20 cm Abstand so breit und tief auslegen, dass das Pferd nicht mit einem Schritt darüberkommt
Ziel: Reifenparcours durchqueren, in dem die Reifen ohne Abstand aneinandergelegt sind: Pferd sucht sich trittsicher seinen Weg, tritt mit allen vier Hufen in oder zwischen die Reifen
Variationen:
einfacher: Fahrradreifen, Motorradreifen, Niederquerschnittsreifen
halbierte Traktorreifen
Hula-Hoop-Reifen

ist, dass sie wegen der nötigen Stabilität sehr schwer und damit schlecht mitzunehmen oder bei schlechtem Wetter unter Dach zu bringen sind.

Praktische, tragbare Podeste aus Holz mit oder ohne Metallunterbau gibt es auch fertig zu kaufen, zum Beispiel die »Parelli Mounting Box«.

K19 – Übungen mit Reifen

Achtung: Kein Reifentraining mit Pferden, die einen Beschlag mit überstehenden Schenkelenden tragen! Bekommt das Pferd Angst, wenn ein Huf im Reifen steht und reißt es den Huf rückwärts heraus, kann sich der Reifen am Schenkelende des Eisens einhaken. Gefahr von Sehnenverletzungen und Stürzen!

Merkbox
Parken im Reifen

Material: Zwei Autoreifen ohne Felgen

Vorübungen: Das Pferd sollte auf Antippen jedes Bein einzeln bewegen

Übungen: Einen Reifen in eine Stangengasse legen und das Pferd zuerst nacheinander beide Vorderhufe, dann beide Hinterhufe hineinstellen lassen

Ziel: Zwei hintereinanderliegende Reifen: Pferd stellt auf das Signal »Antippen mit der Gerte« nacheinander beide Vorderhufe in den vorderen Reifen, dann beide Hinterhufe in den hinteren Reifen und bleibt darin stehen, bis zur Aufforderung hinauszusteigen

Variationen:

einfacher: Fahrradreifen, Motorradreifen, Niederquerschnittsreifen, halbierte Traktorreifen

schwieriger: Eimer ohne Henkel, Gummifutterschüssel

Der Reifenparcours ist die ideale Vorübung für mehr Trittsicherheit im Gelände. Das Pferd lernt, seine Hufe ganz gezielt an sichere Stellen zu setzen und auch seltsame Untergründe zu überwinden. Im Gegensatz zum Reifenparcours, in dem das Pferd selbst entscheidet, wo es seine Hufe hinstellt, soll es beim Parken im Reifen jeden Huf einzeln auf ein Signal in einen Reifen setzen.

Diese Übung machen Sie anfangs am besten zu zweit. Einer hält das Pferd, während der andere einen Vorderhuf in den Reifen stellt. Setzen Sie den Huf im Reifen bewusst auf dem Boden auf. Sobald der Huf den Boden berührt, dem Pferd sofort ein Leckerli geben. Findet das Pferd es zu unheimlich, den Huf im Reifen stehen zu lassen, lenken Sie es ab, indem Sie schnell den zweiten Vorderhuf aufheben. Der Pferdehalter gibt gleichzeitig ein Leckerli. Verknüpfen Pferde erstmal »Huf im Reifen = Leckerli«, sind sie meistens begeistert dabei.

Um den zweiten Huf dazuzuholen, muss der Reifen so breit sein, dass das Pferd bequem darin stehen kann. Muss es die Vorderhufe enger nebeneinander setzen, als seine normale Stellung ist, fühlt es sich extrem unsicher und unbalanciert und stellt den zweiten Huf dauernd wieder nach außen.

K20 »Pferd im Eimer«

Nützlich zum Hufe- und Beinekühlen. Hier können auch beschlagene Pferde mitspielen. Ideal sind eine Gummifutterschüssel oder ein großer, niedriger Eimer ohne Henkel. Ist der Eimer zu hoch, können Sie oben ein Stück abschneiden. Vorsicht, dass es keine scharfe Schnittkante gibt! Die Vorübungen mit dem noch leeren Eimer sind dieselben wie beim Parken im Reifen.

Bevor Wasser in den Eimer kommt, sollte Ihr Pferd angstfrei in einen geeigneten Bach oder durch einen Planen-Wassergraben gehen. Machen Sie den Eimer anfangs nur halb voll, und füttern Sie sofort ein Leckerli, sobald es den Huf abgesetzt hat. Hält das Pferd seinen Huf nach kurzem Eintauchen und angeekeltem wieder Hochziehen hartnäckig über dem Wasserspiegel, heben Sie einfach den gegenüberliegenden Huf hoch.

K21 – Vorübung zum Reiten: Heranrangieren an die Aufstiegshilfe

Aufsteigen von einem erhöhten, solide stehenden Platz schont den empfindlichen Pferderücken. Diese Übung ist auch als Vorübung zum

Vorübung für das Reifentraining

Übung am Tor

ersten Aufsitzen auf ein Jungpferd geeignet. Sie brauchen eine Mauer, Parkbank, ein Podest, einen stabilen Hocker oder Ähnliches. Das Pferd wird vom Boden aus Schritt für Schritt neben die Aufstiegshilfe hinrangiert. Üben Sie ruhiges Stehenbleiben am losen Strick. Lassen Sie einen Helfer das Pferd in der Gegenüberposition oder in der Dreiecksposition halten. Steigen Sie auf die Aufstiegshilfe. Bleibt das Pferd ruhig stehen, können Sie sich mit dem Oberkörper über seinen Rücken legen. Quengelt das Pferd weg, stellen Sie es ruhig wieder zurück. Auch mobile Aufstiegshilfen bleiben grundsätzlich immer an ihrem Platz stehen und das Pferd wird hinrangiert. Nicht mit der Aufstiegshilfe hinter dem Pferd hergehen, sonst erziehen Sie sich einen Zappelphilipp!

K22 – Wirklich runde Volten

Eine Übung für Fortgeschrittene, mit der Sie testen können, wie kooperativ Ihr Pferd mitarbeitet. Sie brauchen eine ca. 3 Meter lange leichte Stange, zum Beispiel aus Bambus. Gewöhnen Sie das Pferd an die nachschleifende Stange, dann halten Sie sie an einem Ende fest, stecken das zweite Ende in den Boden und gehen im Kreis um den Mittelpunkt herum. Da Sie sich auf die Stange konzentrieren müssen, ist vom Pferd freiwillige Mitarbeit gefragt. Das Pferd sollte gleichmäßig gebogen außen auf dem Kreis laufen, ohne am Führseil zu ziehen.

K23 – Trockentraining am Tor

Eine gute Vorübung für das Trailreiten und um die Körperbeherrschung und das Selbstbewusstsein zu verbessern. Viele Pferde mögen nicht, wenn sie beim Öffnen seitlich auf das Tor zugehen und es von sich wegschieben sollen. Außerdem muss das Pferd jedes Bein kontrolliert bewegen können, da nicht viel Platz ist. Den Bewegungsablauf kann man an der Hand sehr gut üben. Das Pferd lernt, dass das Tor »vor ihm weicht«. Damit bei geöffnetem Tor keine imaginären Kühe oder Pferde flüchten können, soll das Pferd die Toröffnung ständig mit seinem Körper verdecken. Dazu muss es rückwärts und seitwärts gehen.

Vorübung: Pferd an das Tor herantreten lassen, stehen lassen und das Tor öffnen. Pferd hindurchtreten lassen und Tor wieder schließen.

7 Bodenarbeits-Hindernisse

mit Schwerpunkt Schrecktraining

7. Bodenarbeitshindernisse mit Schwerpunkt Schrecktraining[9]

Die heutige Pferdewelt ist bunt, laut und hektisch. Manchmal zu viel für schwache Nerven! Sie können Ihrem Pferd (und sich selbst!) helfen, entspannter durchs Leben zu kommen durch Gewöhnung an alles, was groß und bunt ist, flattert, klappert, hüpft, zischt, scheppert oder sich irgendwie seltsam fortbewegt. Die reine Abhärtung nützt jedoch nur teilweise, wenn Sie nicht zusätzlich am Vertrauensaufbau zu Ihnen arbeiten. Sonst kann es passieren, dass das Pferd beim Ausritt vor der weißen Flatterplane scheut, weil es nur blaue gewöhnt ist.

Allgemeine Hinweise zum Anti-Schrecktraining

Bevor Sie mit Schreckübungen beginnen, sollte das Pferd eine solide Grundausbildung am Boden haben und sich sicher führen, lenken und anhalten lassen. Bleiben Sie bei einfachen Konzentrationsübungen, solange das Pferd aufgeregt ist, weil es zum Beispiel den Reitplatz noch nicht kennt oder von seinem Pferdekumpel getrennt ist.

Fangen Sie möglichst nicht gerade an einem kalten, stürmischen Spätherbsttag mit Schrecktraining an, wenn die Pferde sowieso knackig sind und wegen jedem umherfliegenden Blättchen herumspacken. Ein warmer Sommertag und schläfrig herumstehende Pferde sind ideal, ausgiebige Bewegung am Tag vorher eine gute Voraussetzung.

Natürlich gilt auch hier: Das Pferd bei jedem kleinen Fortschritt sofort loben! Erinnern Sie sich: »Erfolgreiche« Pferde bekommen mehr Selbst-

bewusstsein und können so gelassener durch die »schreckliche« Welt gehen!

Ran an den Feind

Beginnen Sie mit dem Aufwärmen und »ein Konzentrationsband aufbauen« wie in Kapitel 6 beschrieben.

Guckt das Pferd beim Aufwärmtraining um die Hindernisse herum schon aufgeregt oder möchte irgendwo nicht vorbeigehen, tun Sie so, als ob alles ganz normal und selbstverständlich wäre. Schauen Sie den schreckerregenden Gegenstand kurz intensiv, aber emotionslos an und atmen dabei ruhig weiter. Dann blicken Sie wieder auf das Ziel, also in die Richtung, in die Sie wollen und gehen ruhig weiter. Nicht loben, gut zureden oder streicheln, das bestätigt das Pferd nur in seiner Angst!

Das Pferd soll lernen, nachzudenken und sich mit der Aufgabe auseinanderzusetzen. Solange es noch nicht bereit ist, auf das Hindernis zuzugehen, darf es nur mit Blick aufs Hindernis bzw. vor dem Hindernis stehenbleiben, damit die wartende Aufgabe ständig präsent bleibt. Es darf kurz schauen und sich durch Kopfsenken entspannen, dann tippen Sie es mit der Gerte auf der Kruppe an und fordern es auf, sich dem Hindernis weiter zu nähern. Rückwärtsrennen und alle Bewegungen weg vom Hindernis werden korrigiert, das Pferd wird wieder vor das Hindernis gestellt. Solange es versucht zu flüchten, muss es »arbeiten« – seitwärts, vorwärts ... Jeder Schritt zum Hindernis wird durch Pause, Leckerli oder Stimmlob belohnt. Teilziele setzen, z. B. Vorderbeine auf die Plane stellen. Sobald das Teilziel erreicht ist, kurz dort Pause machen lassen mit Lob/Belohnung, dann das Pferd aktiv vom Hindernis zurück- bzw. weggehen/heruntergehen lassen.

Bleiben Sie in spielerischer Laune »Guck mal, was für witzige Sachen wir hier haben!«. Verringern Sie die Anforderung, wenn das Pferd nervös wird oder überfordert ist.

Zu viel Druck und zu schnelles Wollen ohne Denkpausen bringen das Pferd in die Panikzone. Es kann nicht lernen und behält höchstens im Gedächtnis, dass diese Situation durch den Stress unangenehm war und deshalb lieber vermieden werden sollte. Und es ist gefährlich, da sich das Pferd je nach Veranlagung wehren, Menschen umrennen, steigen oder sich losreißen kann.

Unabhängig davon, ob Sie Ihrem Pferd gerade ohne Absicht zu viel zugemutet haben, lassen Sie niemals zu, dass Ihr Pferd Sie überrennt, Ihnen auf die Füße springt oder in Sie reindrängelt. Behaupten Sie Ihre Chefposition durch Aufrichten, Größerwerden, Gerte heben und notfalls einen kräftigen Tipp mit der Gerte auf die Brust oder an die Schulter und einen energischen Ruck am Führseil. Zur meiner Ermutigung sage ich (natürlich nicht ganz ernst gemeint) zu solchen Pferden immer: »Renn doch in mich rein, dann weißt du wenigstens, wovor du Angst haben musst!« Dabei muss ich automatisch grinsen und die Anspannung lässt nach.

Das Gesichtsfeld des Pferdes

Als Beutetier ist das Pferd auf einen weiten Überblick angewiesen, damit es anschleichende Feinde früh bemerken und rechtzeitig flüchten

Der Gegenstand erreicht den toten Winkel hinter dem Pferd. Man sieht, wie sich das Pferd umwendet, um ihn nicht aus den Augen zu verlieren.

kann. Deshalb liegen die Pferdeaugen seitlich am Kopf und sind nicht wie beim Menschen nach vorne gerichtet. Durch diese Anordnung der Augen kann das Pferd auch Dinge erkennen, die sich seitlich hinter ihm befinden. Nur im Bereich von ca. 15–35° hinter dem Pferd und direkt vor seiner Nase in einer Entfernung von bis zu 50 cm kann es nichts sehen[10].

Zwei Augen – zwei Welten

Das Sehfeld vor dem Pferd, das mit beiden Augen wahrgenommen wird, umfasst nur ca. 60–70°[11]. Weiter seitlich sieht das Pferd also immer nur mit einem Auge. Das linke Auge gibt die Informationen an die rechte Gehirnhälfte weiter und das

![Foto: Eine Frau zieht einen Gegenstand auf Rädern hinter einem weißen Pferd her, während ein Mann das Pferd am Führseil hält]

[10+11] http://www.tiho-hannover.de/itt/lehre/spezetho.pdf

rechte Auge an die linke. Wie stark die beiden Gehirnhälften von Pferden vernetzt sind, darüber gibt es verschiedene wissenschaftliche Theorien. Halten wir uns bis zur Klärung dieser Frage an praktische Erfahrungen.

Viele von Ihnen haben beim Ausritt wahrscheinlich schon etwas Ähnliches erlebt: Ein neuer Gegenstand, zum Beispiel eine Mülltonne, sorgt auf dem Hinweg für eine Schrecksekunde. Das Pferd darf die Mülltonne kurz anschauen, bis es beruhigt weitergeht. Auf dem Rückweg kommen Sie wieder an der Tonne vorbei. Das Pferd macht einen neuen Schreckhopser, als sähe es den Gegenstand zum ersten Mal. Anscheinend ist die Tonne für dieses Auge und damit diese Gehirnhälfte wirklich Neuland oder sie sieht von dieser Seite anders aus und wird vom Pferd nicht mit dem vorhin als ungefährlich erkannten Gegenstand verknüpft. Üben Sie an Schreckgegenständen deshalb immer von beiden Seiten, damit das Pferd sie mit beiden Augen sieht und damit in beiden Gehirnhälften registrieren kann.

Die Kreisel-Unsitte

Ein Relikt aus hippologischen Urzeiten, aber leider immer noch weit verbreitet, ist »eine Volte und dann ein neuer Anlauf«, wenn das Pferd ein Hindernis verweigert (typisches Beispiel Verladen). Beim Springen hoher Hindernisse geht das nicht anders. Bei allen anderen Aufgaben zum Glück schon.

Stellen Sie sich vor, nach umfassender Vorbereitung sitzen Sie mit angeschnalltem Fallschirm im Flugzeug und Ihr Ausbilder möchte Sie zur Ausstiegsluke führen. Natürlich ist Ihnen das Herz in die Hose gerutscht. Nach mehreren Anläufen schaffen Sie es bis an die Luke und schauen hinaus. Nach 10 Minuten in Ruhe hinunterschauen und wenigen kurzen, ermutigenden Kommentaren Ihres Ausbilders lassen Sie sich mit klopfendem Herzen hinausfallen und erleben Ihren ersten Sprung. Ein riesiges Erfolgserlebnis! Was wäre wohl passiert, wenn Sie fünfmal umgedreht und wieder weggelaufen wären? Wenn Ihr Ausbilder hektisch geworden wäre und Ihnen hastig nochmal sämtliche Sicherheitstipps aufgezählt hätte? Wenn er gesagt hätte, »vielleicht bist Du ja doch noch nicht soweit, überlegs Dir nochmal«?

Also: Sicherheit und Überzeugung ausstrahlen! Lassen Sie das Pferd keine Volte vor dem Hindernis machen und gehen Sie auch nicht daran vorbei, um anschließend einen neuen Anlauf zu nehmen. Das Pferd empfindet das als Sieg bzw. als Bestätigung seiner Weigerung. So wird es für sein Sich-entziehen auch noch belohnt.

Statt dessen: Springt das Pferd weg oder rennt es rückwärts, bringen Sie es ruhig mit Blick auf den angsteinflößenden Gegenstand wieder in seine vorherige Position zurück. So wird es gezwungen, sich mit dem Gegenstand auseinanderzusetzen. Bleibt es stehen und beschäftigt sich mit dem Hindernis oder bewegt es sich auf das Hindernis zu, gibt es eine Pause. Wenn es dem Pferd nervlich zu viel wird, aktiv auf Kommando wegführen und in »sicherer Entfernung« eine Nachdenkpause geben.

Nervensäge?

Trotz x-maligem Üben macht das Pferd immer wieder an einem Gruselhindernis Theater, das es eigentlich kennt.

Vielleicht braucht es ein paar Tage oder sogar Wochen Denkpause. Klappt es dann immer noch nicht, gehen Sie kritisch in sich: Sind Sie unbewusst auf die Vermutung, dass es gruselig ist,

eingegangen? Beispiele: stehen bleiben, wenn das Pferd stehenbleibt, gebannt dort hinschauen, tröstend auf es einreden.

Sind Sie absolut sicher, dass Ihr Pferd Sie testet oder sich ein lustiges Spielchen erlaubt: Ein Ruck am Führstrick, ein lautes »Pass auf«. Und dann fordern, dass es zuhört und sich mit der Aufgabe beschäftigt. Dabei konzentrieren Sie sich darauf, die Hilfen besonders exakt zu geben, und richten die Aufmerksamkeit des Pferdes auf die korrekte Ausführung. Es gibt Dinge, die ein Pferd aushalten können muss. Gerade, wenn man etwas ausgiebig geübt hat und es keinen wirklichen Anlass für Angst oder Widersetzlichkeit gibt.

Safety first!

Bei vielen Schreckübungen brauchen Sie einen oder zwei Helfer. Das sind durchaus auch mal Personen mit wenig Pferdeerfahrung. »Nicht-Pferdeleute« können sich oft nicht vorstellen, wie weit ein Pferd ausschlagen oder wegspringen und wie blitzschnell es reagieren kann. Achten Sie darauf, dass die Helfer aus der Gefahrenzone bleiben! Üben Sie nicht zu nah am Zaun, und platzieren Sie Helfer in Richtung Bahnmitte, so dass sie nicht zwischen das Pferd und den Zaun (oder die Bande) geraten können.

Von Plane bis Luftballons: Hindernisse und Übungen für das Anti-Schrecktraining

Hier finden Sie eine Auswahl bewährter Übungen und Hindernisse. Ihre Ideen sind gefragt: Beziehen Sie alles ein, was Ihnen zwischen die Finger kommt und einem Pferd heutzutage begegnen kann. Hauptsache risikoarm – keine scharfen Kanten, kippsicher, etc.

S1 – Monsterjagd

Für das Fluchttier Pferd ist jeder niedrige unbekannte Gegenstand, der sich neben oder hinter ihm bewegt, ein potenzieller Säbelzahntiger. Ziel der Aufgabe ist, dass das Pferd gelassen bleibt, wenn sich neben oder hinter ihm so ein Monster bewegt.

Witzige Gegenstände zum Nachziehen finden Sie beim nächsten Flohmarkt, beim Sperrmüll oder auf Omas Dachboden. Hier sind Ihrer Phantasie keine Grenzen gesetzt, solange nichts scharfkantig ist und keine Teile abfallen können. Beginnen Sie vorne und an den Seiten, dort sieht das Pferd den Gegenstand gut. Lassen Sie das Pferd den Gegenstand in aller Ruhe beschnuppern und anschauen. Dann zieht ein Helfer das Monster in größerem Abstand ums Pferd herum.

Vom Verfolger zum Verfolgten

Jetzt darf das Pferd hinter dem vom Helfer gezogenen Gegenstand hergehen (Bild S. 71). Angsteinflößende Gegenstände verfolgen schafft Sicherheit – das reagierende Beutetier Pferd wird zum aktiven Part. Das Pferd darf jederzeit schnüffeln, hineinbeißen oder den Gegenstand mit dem Huf untersuchen.

Als nächsten Schritt berühren Sie mit dem Gegenstand vorsichtig ein Vorderbein. Um dem Pferd mehr Sicherheit und Gefühl für sein Bein zu geben, können Sie Ihre Hand an die Rückseite des Beines legen. Achten Sie beim Herunterbeugen darauf, dass sich Ihr Kopf nicht vor dem Pferdebein befindet, sondern etwas weiter außen. Zieht das Pferd sein Bein weg, könnte Ihnen sonst das gebeugte Karpalgelenk ins Gesicht knallen. Dann gewöhnen Sie das Pferd an Berührungen mit dem Gegenstand an den Hinterbeinen.

Sind die Berührungen an den Beinen kein Problem mehr, können Sie den Gegenstand selbst

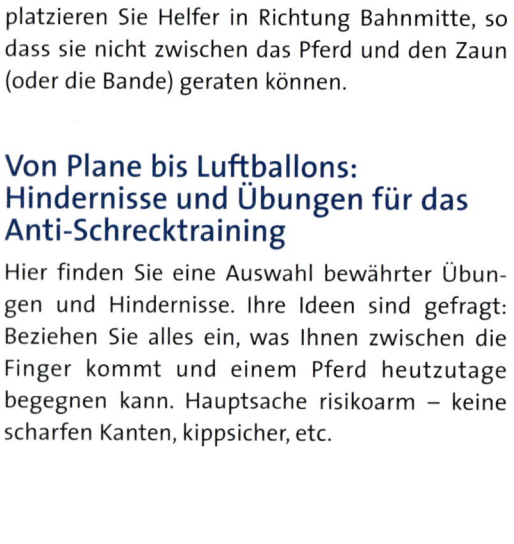

hinterherziehen. Halten Sie den Gegenstand immer am ausgestreckten Arm auf der inneren Seite des Reitplatzes und lassen Sie das Pferd auf der Außenseite gehen. So können Sie den Gegenstand notfalls schnell loslassen und er kann nicht am Zaun hängenbleiben.

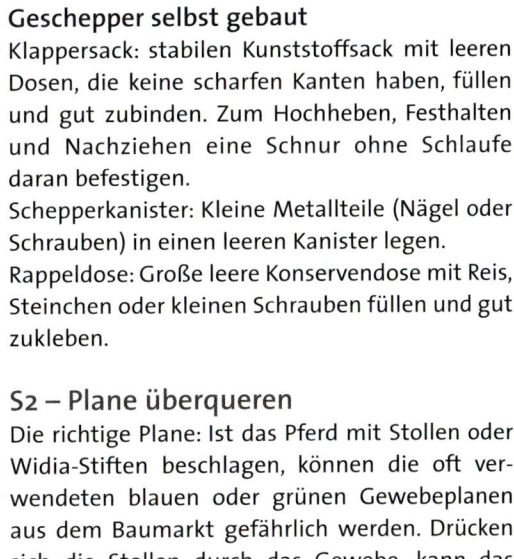

Merkbox Monster hinterherziehen

Material: Großer Gegenstand ohne Verletzungsgefahr mit langem Seil ohne Schlaufe
Vorübungen: Pferd den Gegenstand zeigen, anschauen und beriechen lassen
Übungen: Gegenstand verfolgen
Ziel: Der Pferdeführer oder ein Helfer kann den Gegenstand an jeder Stelle des Pferdekörpers vorbeibewegen oder hinterherziehen, ohne dass das Pferd ihn beachtet.
Variationen:
Bobbycar, Schlitten oder Plastikbob, altes riesiges Stofftier, Klappersack, großer Ast, Autoreifen

Geschepper selbst gebaut
Klappersack: stabilen Kunststoffsack mit leeren Dosen, die keine scharfen Kanten haben, füllen und gut zubinden. Zum Hochheben, Festhalten und Nachziehen eine Schnur ohne Schlaufe daran befestigen.
Schepperkanister: Kleine Metallteile (Nägel oder Schrauben) in einen leeren Kanister legen.
Rappeldose: Große leere Konservendose mit Reis, Steinchen oder kleinen Schrauben füllen und gut zukleben.

S2 – Plane überqueren
Die richtige Plane: Ist das Pferd mit Stollen oder Widia-Stiften beschlagen, können die oft verwendeten blauen oder grünen Gewebeplanen aus dem Baumarkt gefährlich werden. Drücken sich die Stollen durch das Gewebe, kann das Pferd darin hängen bleiben und in Panik geraten. Nehmen Sie dann besser stabile Planen aus dickem Plastik mit nicht zu rutschiger Oberfläche ohne Gewebeeinlage, z. B. ein Stück Siloplane.

Falten Sie die Plane für den Anfang zu einem Streifen von ca. 1,50 m Breite zusammen und legen sie auf dem Boden aus. Sichern Sie die Ränder mit Stangen, Kanthölzern oder mit Reitplatzsand gegen Hochwehen. Dann führen Sie das Pferd mehrmals um die Plane herum und verringern dabei allmählich den Abstand. Da Pferde durch Beobachtung lernen ist es in der Anfangsphase einer Übung günstig, wenn ein anderes ruhiges Pferd oder auch ein Mensch mehrmals die Plane überquert.

Dann führen Sie das Pferd an die Plane heran, lassen es direkt davor halten, den Kopf senken und die Plane anschauen und beschnuppern. Ist das Pferd sehr ängstlich, ein paar Haferkörner oder Müslikrümel auf die Plane legen. Ausatmen. Pause.

Hat sich das Pferd entspannt, motivieren Sie es, einen Schritt auf die Plane zu tun. Loben, Leckerli von vorne-unten füttern, evtl. ein zweites Leckerli auf die Plane legen, Pause. Jetzt können Sie das Pferd ganz über den Planenstreifen führen. Überqueren Sie die schmale Seite der Plane ein paarmal, ohne anzuhalten. Die meisten Pferde fühlen sich mit den Hinterbeinen unsicherer als mit den

Vorderbeinen und finden es beängstigend, damit auf fremdem Untergrund stehenzubleiben. Lassen Sie das Pferd lieber nach Überqueren der Plane anhalten und einige Sekunden nachdenken. Hat das Pferd so weit gut mitgemacht, brauchte aber viel Zeit und wirkt immer noch etwas unsicher, beenden Sie die Übung für diese Trainingseinheit.

Bei der nächsten Trainingsstunde wiederholen Sie zunächst die Übung mit dem Planenstreifen. Geht das Pferd bedenkenlos darüber und lässt sich mit jedem Bein auf der Plane anhalten, können Sie zum nächsten Schritt weitergehen. Dafür legen Sie die Plane in voller Größe aus und sichern die Ränder wieder mit Stangen, Kanthölzern oder mit Reitplatzsand. Die Gewöhnung an die große Plane funktioniert genauso, wie beim Planenstreifen beschrieben. Hat das Pferd sämtliche Unsicherheit verloren, können Sie es jederzeit auf der Plane anhalten, seitwärts und rückwärts gehen lassen. Achtung: Pferde mit Stollen oder Widia-Stiften sollten nur vorwärts über die

Merkbox Plane überqueren

Material: Große reißfeste Plane
Vorübungen: Plane schmal zusammenfalten und Pferd anschauen, beriechen und darübergehen lassen
Ziel: Pferd überquert ohne zu zögern und angstfrei Planen jeder Größe und Farbe. Es hält auf Kommando jederzeit auf der Plane an und geht rückwärts oder seitwärts.
Variationen:
Gummimatte, Teppichboden, großer flacher Karton ohne Metallklammern

Plane gehen. Die Stifte könnten sich sonst in der Plane verhaken, und das Pferd könnte Panik bekommen und sich verletzen!

Um dem Pferd mehr Sicherheit im Umgang mit der Plane zu geben und einfach zum Spaß, können Sie es, evtl. zusammen mit einem Pferdekumpel, mit dem es sich gut versteht, auf dem Reitplatz unter Aufsicht mit der Plane spielen lassen. Halten Sie einen Fotoapparat bereit, es könnte sich lohnen!

S3 – Plane über das Pferd legen

Diese Übung setzt viel Vertrauen in den Menschen und die gründliche Gewöhnung an Planen in steigender Größe voraus. Damit sich das Pferd an den Anblick eines großen Gegenstandes gewöhnt, der von oben herunterkommt, können Sie es zuerst mit einer Pferdedecke, einem alten Bettlaken oder einer Gardine zudecken.

Dann beginnen Sie mit einer kleinen Plastiktüte. Wecken Sie seine Neugier, indem Sie sich intensiv mit der Tüte beschäftigen, rascheln, hineinschauen usw. Lassen Sie das Pferd die Tüte anschauen und beschnuppern und streichen Sie es mit ihr am ganzen Körper ab. In dem Maße, wie die Angst des Pferdes abnimmt, steigern Sie die Größe der Plane.

S4 – Mit dem Kopf durch die (Planen-)Wand

Spannen Sie eine Leine zwischen zwei standfesten Hindernisständern oder zwei Bäumen oder lassen Sie zwei erhöht stehende Helfer die Leine halten. Hängen Sie eine Plane so über die Leine, dass sie etwas über Widerristhöhe des Pferdes endet. Das Pferd soll lernen, den Kopf zu senken und darunter durchzuschlüpfen. Später können Sie die Plane langsam immer tiefer herunterhängen lassen.

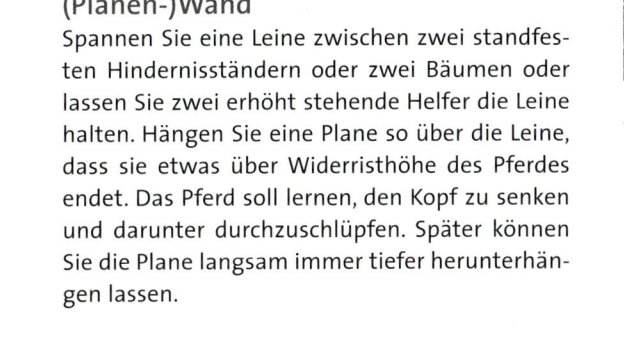

Verwandte Übungen

Eine nützliche Vorübung für das Reiten im Gelände ist, vor den Augen des Pferdes mit viel Rascheln und Flattern einen Regenponcho überzuziehen und das Pferd mit angezogenem Poncho zu führen.

Bei Schaunummern werden oft Fahnen mit der Flagge des Herkunftslands der vorgestellten Pferderasse geschwenkt. Die Vorbereitung zur Fahnenarbeit ist wie bei »Plane über das Pferd legen« beschrieben.

S5 – Wassergewöhnung mit der Plane

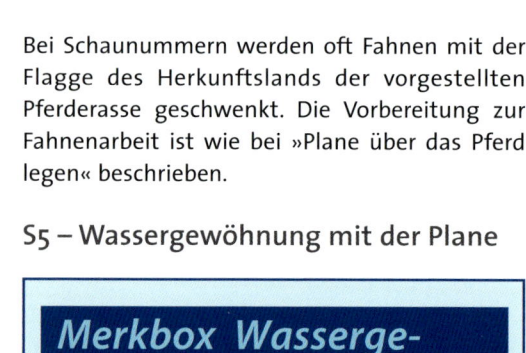

Merkbox Wassergewöhnung mit der Plane

Material: Eine große Plane ohne Löcher und 4 Stangen oder Kanthölzer, um die die Kanten der Plane so umgeklappt werden, dass ein kleines Becken entsteht.
Vorübungen: Planentraining »trocken« (siehe »Plane überqueren«)
Übungen: wie bei »Plane überqueren« beschrieben
Ziel: Pferd geht gelassen durchs Wasser
Variationen:
Gummiwassergraben aus dem Springsport
aufblasbares Kinderplanschbecken
Bach mit flachem Ufer und festem Untergrund
große Pfütze mit klarem Wasser und festem Untergrund

Die Luxusvariante:
Ein mobiler Wassergraben aus Kunststoff mit gepolstertem Rand bietet maximale Sicherheit. Der Wassergraben lässt sich einfach auf dem Reitplatz und in der Reithalle transportieren und ist damit vielseitig einsetzbar.
Legen Sie eine rutschfeste Gummimatte in den Wassergraben. Das erhöht nicht nur die Haltbarkeit des Wassergrabens bei beschlagenen

Pferden, sondern gibt unruhigen Pferden mehr Sicherheit beim Durchqueren.

S6 – Mein Pferd nimmt eine Dusche

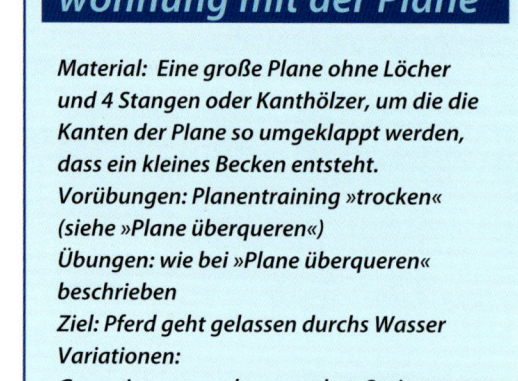

Merkbox Wasser von oben

Material: Gießkanne mit Tülle
Wasserschlauch , Sprühflasche
Vorübungen: stehen bleiben trainieren
Wassergewöhnung mit der Plane trainieren
Übungen: Den Boden neben dem Pferd mit der Gießkanne beregnen, damit es sich an das Geräusch gewöhnt. Dann den Huf abduschen und langsam am Bein weiter nach oben wandern.
Ziel: Pferd bleibt gelassen stehen, wenn Wasser nach vorheriger Ankündigung von oben kommt
Variationen: Dampfstrahler – natürlich nur auf der Stufe »Nieselregen«! Stellen Sie den Dampfstrahler an einem heißen Tag mitten auf dem Platz auf und lassen ihn minutenlang auf die gleiche Stelle regnen. Manche Wasserratten unter den Pferden stellen sich von alleine »unter die Dusche«.

S7 – Brücke

Eine Brücke besteht meist aus stabilen Brettern oder Bohlen, die auf Querlatten verschraubt wurden. Bei der einfachsten Version liegen die Bretter flach auf dem Boden, schwieriger sind bogenförmige Brücken mit Steigung und Brücken mit einem Geländer. Bei Brücken mit Geländer immer vor dem Pferd gehen, damit Sie nicht eingequetscht werden können! Pferde füh-

len sich auf festem Boden am sichersten und mögen anfangs meistens den hohlen Klang beim Betreten der Holzbrücke nicht.

Brücke mit »hohlem Klang« selbst bauen

Auf zwei Kanthölzer stabile Bretter oder Schaltafeln schrauben. Mindestbreite ca. 90 cm. Oder Europaletten auf der Unterseite mit Holzlatten verbinden und bei schwereren Pferden als Verstärkung der Trittfläche zusätzlich breite Bretter aufschrauben. Als Unterbau für die Trittfläche eignen sich auch 4–6 gleich breite Autoreifen. Ein Geländer können Sie aus zwei Hindernisblöcken oder -ständern mit aufgelegten Stangen bauen. So fällt es im Ernstfall nach außen um.

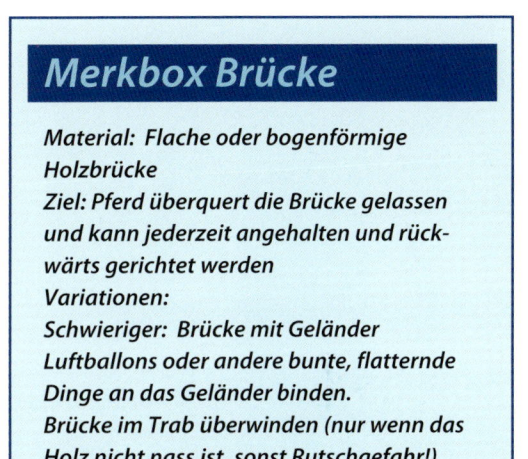

Merkbox Brücke

Material: Flache oder bogenförmige Holzbrücke
Ziel: Pferd überquert die Brücke gelassen und kann jederzeit angehalten und rückwärts gerichtet werden
Variationen:
Schwieriger: Brücke mit Geländer
Luftballons oder andere bunte, flatternde Dinge an das Geländer binden.
Brücke im Trab überwinden (nur wenn das Holz nicht nass ist, sonst Rutschgefahr!)
Brücke mit Steigung

Gewöhnung an die Brücke.

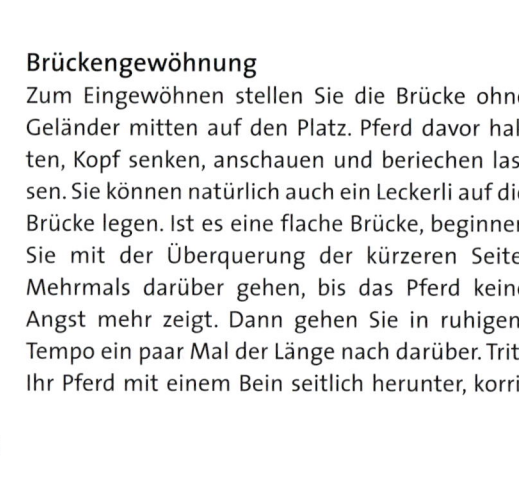

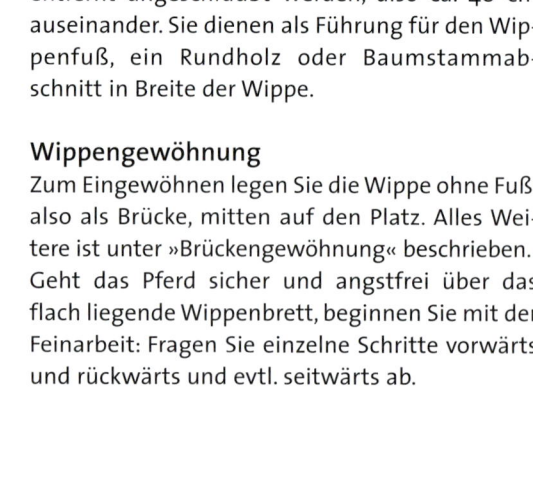

oben: Noch einen kleinen Schritt rückwärts, dann kippt die Wippe wieder!
unten: Seitwärts über die Wippe.

Brückengewöhnung

Zum Eingewöhnen stellen Sie die Brücke ohne Geländer mitten auf den Platz. Pferd davor halten, Kopf senken, anschauen und beriechen lassen. Sie können natürlich auch ein Leckerli auf die Brücke legen. Ist es eine flache Brücke, beginnen Sie mit der Überquerung der kürzeren Seite. Mehrmals darüber gehen, bis das Pferd keine Angst mehr zeigt. Dann gehen Sie in ruhigem Tempo ein paar Mal der Länge nach darüber. Tritt Ihr Pferd mit einem Bein seitlich herunter, korri-

gieren Sie es im Vorwärts durch die seitlich angelegte Gerte. »Fällt« es immer nach einer Seite herunter, schaffen Sie eine seitliche Begrenzung durch ein Geländer oder die Bande.

S8 – Spaß auf der Wippe

Die Wippe bietet sowohl einen Gruselfaktor durch den dumpfen Klang und natürlich das »Huch« des Kippmoments, wie auch viele Möglichkeiten zur punktgenauen Körperkoordination.

Seit die Wippe aus den Trailprüfungen auf Westernturnieren verbannt wurde, findet man sie leider seltener auf Reitplätzen. Durch die stabile Bauweise sind gute Wippen sehr schwer und liegen deshalb häufig jahrein jahraus bei jedem Wetter auf dem Trailplatz. Prüfen Sie darum ein evtl. vorhandenes Exemplar gut auf seinen Erhaltungszustand.

Bauanleitung für eine Wippe

Besorgen Sie sich drei neue oder sehr gut erhaltene Holzbohlen mit 4 cm Dicke, 30 cm Breite und ca. 4 m Länge. Legen Sie die Bohlen nebeneinander und verschrauben Sie sie auf der späteren Unterseite mit sechs Dachlatten (ca. 4 cm dick). Zwei der Latten sollten je 20 cm von der Mitte entfernt angeschraubt werden, also ca. 40 cm auseinander. Sie dienen als Führung für den Wippenfuß, ein Rundholz oder Baumstammabschnitt in Breite der Wippe.

Wippengewöhnung

Zum Eingewöhnen legen Sie die Wippe ohne Fuß, also als Brücke, mitten auf den Platz. Alles Weitere ist unter »Brückengewöhnung« beschrieben. Geht das Pferd sicher und angstfrei über das flach liegende Wippenbrett, beginnen Sie mit der Feinarbeit: Fragen Sie einzelne Schritte vorwärts und rückwärts und evtl. seitwärts ab.

Sobald Ihr Pferd unbekümmert vor- und rückwärts über die Bohlen geht, können Sie ein Rundholz als Wippenfuß etwa in der Mitte unterlegen. Für den Anfang nehmen Sie ein kleines Rundholz, damit die »Absturzhöhe« niedrig ist. Eine Seite der Wippe soll auf dem Boden liegen, die andere Seite in die Höhe stehen – auf keinen Fall dürfen beide Enden ausbalanciert in der Luft hängen.

Führen Sie das Pferd immer von der unten liegenden Seite nur so weit auf die Wippe, dass sie noch nicht kippt, und lassen es dann langsam ein Vorderbein nach vorne stellen. Man kann auch selbst einen Schritt nach hinten gehen, damit die Wippe möglichst langsam kippt. Ist die Wippe heruntergekippt und das Pferd noch drauf: sofort Leckerli von vorne-unten füttern und ausgiebig loben. Springt das Pferd in Panik herunter, nehmen Sie das Rundholz wieder weg und üben solange auf dem flachen Wippenbrett, bis das Pferd wieder angstfrei darüber geht.

Achten Sie darauf, dass das Pferd möglichst nicht seitlich heruntertritt oder abrutscht. Das kann von kurzem Wehtun, das ihm die Wippe vergällt, bis zur bösen Verletzung führen. Sind Sie unsicher, legen Sie Ihrem Pferd anfangs Gamaschen und Springglocken an.

Ist Ihr Pferd zum Wippenprofi geworden, können Sie für mehr Wippspaß einen höheren Wippenfuß, zum Beispiel einen kleinen Baumstamm, unterlegen.

S9 – Flattervorhang

Nicht neu, aber immer wieder gruselig, ist der Flattervorhang, meistens aus rotweiß gestreiftem Baustellenband. Er ist leicht und günstig selbst herzustellen: Das Material einer Rolle Baustellenband in gleich lange Streifen schnei-

Flattervorhang

den und an eine Holzleiste (Dachlatte) knoten. Alternativ können Sie große Plastiksäcke, zum Beispiel von Pferdefutter oder Sägespänen oder einen alten Duschvorhang in Streifen schneiden. Den verschärften Knistereffekt bietet eine in Streifen geschnittene Rettungsdecke. Eine nicht raschelnde harmlose Variante ist ein Chenille-Flauschvorhang für Wohnwägen oder einfach Stoffstreifen.

Damit niemand drauftritt und stolpert oder den Ständer umreißt, sollte der Vorhang deutlich über dem Boden enden.

Ganz wichtig ist, dass der Vorhang an einem stabilen Ständer befestigt wird. Ideal sind ein Baum am Reitplatzrand oder ein Aufleger an der Reithallenwand auf einer Seite und schwere hohe Springständer oder selbst gebaute Ständer mit breiter Bodenauflage auf der anderen. Stabile Vierkanthölzer lassen sich zum Beispiel gut in mit Beton ausgegossenen Autoreifen befestigen. In Reifen mit Felge kann man ein Eisenrohr einschweißen (lassen), in das man zur

Verlängerung eine Latte mit einer Befestigung oben für den Flattervorhang steckt. Leichte (Aluspring-)Ständer kippen viel zu schnell um und können das Pferd erschrecken und verletzen. Der Flattervorhang sollte mindestens 2 Meter breit sein und muss so hoch aufgehängt werden, dass das Pferd auch bei hochgerissenem Kopf nicht oben an die Latte stößt (bei Großpferden 2,30 Meter).

Für die erste Begegnung mit dem Flattervorhang wählen Sie wenn möglich einen windstillen Tag. Nach dem Aufwärmen und »Wachmachen« führen Sie Ihr Pferd in Richtung Flattervorhang und halten direkt davor.

Möglichkeit 1: Pferd hebt interessiert den Kopf, schnuppert und schaut den Vorhang an. Super! Sie haben ein aufmerksames, neugieriges Pferd, das bereit für eine neue Aufgabe ist! Weiter geht's mit dem übernächsten Absatz.

Möglichkeit 2: Pferd rammt schon einige Meter vor dem Vorhang die Beine in den Boden, reißt den Kopf hoch und glotzt entsetzt auf die bunte Wand. Beschäftigen Sie das Pferd zuerst mit anderen bekannten Aufgaben im weiteren Umfeld des Vorhangs. Ist es wieder konzentriert, hal-

ten Sie in sicherem Abstand vom Vorhang und lassen Sie es zuschauen, wie ein ruhiges Pferd ein paarmal durch den Vorhang geht. Lassen Sie Ihr Pferd nun kleine Konzentrationsaufgaben in der Nähe der Vorhangs machen, zum Beispiel Halten, drei Schritte vorwärts, Halten, losgehen und eine Volte. Haben Sie ein gutes Gefühl, gehen Sie zum Vorhang, halten das Pferd davor an und lassen es schauen und schnuppern.

Ein Helfer hält den Vorhang zur Seite (Foto unten links) und lässt nur einen oder zwei Streifen herunterhängen. Gehen Sie in ruhigem Tempo unter dem Vorhang durch. Das Pferd darf jederzeit stehenbleiben und sich mit dem Vorhang beschäftigen. Nach und nach lassen Sie immer mehr Streifen herunterhängen. Sie können das Pferd mit einem einzelnen Streifen an Kopf, Hals und Rücken abstreichen, damit es merkt, dass die Berührung ungefährlich ist. Bleibt es gehorsam stehen, obwohl ihm die Situation sichtlich gruselig vorkommt, geben Sie ein Leckerli von vorne-unten. Akzeptiert das Pferd die Berührungen des Vorhanges am Kopf, dann ist es meistens auch bereit durchzugehen. Vorsicht: Oft rennt das Pferd los, wenn der Vorhang seinen Rücken erreicht hat.

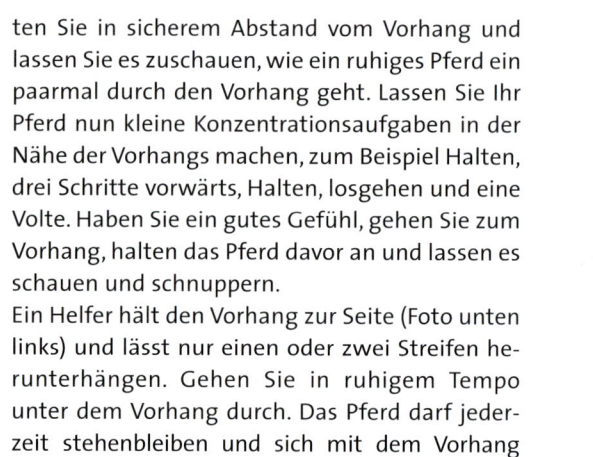

Wird der Vorhang bei Wind in eine Richtung hochgeweht, üben Sie anfangs von der Seite, aus der der Wind kommt.

Flattergewöhnung für Faule

Hängen Sie den Flattervorhang einfach im Paddock oder auf der Koppel auf. Achten Sie darauf, dass er hoch und stabil angebracht ist. Haben Sie (Jung-)Pferde dabei, die alles anknabbern und kaputt machen, befestigen Sie den Vorhang vorsichtshalber außerhalb des Zaunes.

Sind die Pferde einmal daran gewöhnt, eignen sich Flattervorhänge bestens als Fliegenschutz im Stalleingang. Unsere Pferde lieben es, mit dem Kopf mitten in den Streifen zu stehen und sich die Fliegen wegwedeln zu lassen.

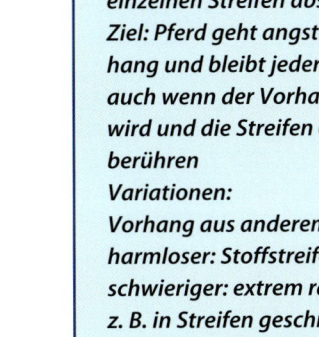

Merkbox Flattervorhang

Material: Streifenvorhang aus Plastikbändern

Vorübungen: zuschauen lassen, wie andere Pferde durch den Vorhang gehen

Übungen: Helfer hält den Vorhang zur Seite und lässt nach und nach immer mehr Streifen herunterhängen.

Pferd unter dem Vorhang anhalten und mit einzelnen Streifen abstreichen.

Ziel: Pferd geht angstfrei durch den Vorhang und bleibt jederzeit darin stehen, auch wenn der Vorhang vom Wind bewegt wird und die Streifen es am ganzen Körper berühren

Variationen:

Vorhang aus anderem Material

harmloser: Stoffstreifen, Vorhangstreifen

schwieriger: extrem rascheliges Material, z. B. in Streifen geschnittene Rettungsdecken, extrem dichte Vorhänge: Pferd muss durch eine optische Mauer gehen

Übungen mit dem Gymnastikball

Man braucht einen großen, prall aufgepumpten Gymnastikball, auch Sitzball oder Pezzyball genannt. Im Fachhandel für Physiotherapie sind diese Bälle fast unbezahlbar. Zum Glück gibt es immer wieder Aktionen bei Discountmärkten. Diese Bälle sind vielleicht nicht ganz so robust, darum empfiehlt sich vor allem bei beschlagenen Pferden: nimm 2.

Der Ball darf nicht zu klein sein, da das Pferd sonst darüber stolpern und sich verletzen kann. Mindestdurchmesser für Pferde in Isländergröße: 65 cm, für Großpferde: 1 m.

Achtung: Ist der Ball zu weich, kann das Pferd halb drauftreten und sich verletzen, weil es abrutscht. Der Ball kann dabei zwischen die Beine oder unter den Bauch geraten. Außerdem geht der Ball schneller kaputt. Deshalb vor jedem Üben testen, ob der Ball noch fest genug aufgepumpt ist!

Ballgewöhnung

Der Ball liegt auf dem Platz, das Pferd wird drumherum geführt.

Halten Sie das Pferd vor dem Ball an, lassen Sie es den Kopf senken und den Ball anschauen. Ein Helfer rollt den Ball langsam vor dem Pferd her. Sie gehen mit dem Pferd hinterher und »verfolgen« den Ball. Das Pferd darf jederzeit schnüffeln, hineinbeißen oder den Ball mit dem Huf untersuchen.

Als nächsten Schritt rollt der Helfer den Ball langsam auf das Pferd zu. Bleibt es stehen, berührt er mit dem Ball vorsichtig ein Vorderbein. Um dem Pferd mehr Sicherheit und Gefühl für sein Bein zu geben, können Sie Ihre Hand an die Rückseite des Beines legen. Achten Sie beim Herunterbeugen darauf, dass sich Ihr Kopf nicht vor dem Pferdebein befindet, sondern etwas weiter außen.

Zieht das Pferd sein Bein weg, könnte Ihnen sonst das gebeugte Karpalgelenk ins Gesicht knallen. Dann rollt der Helfer den Ball unter dem Bauch des Pferdes durch und gewöhnt das Pferd an Berührungen mit dem Ball an den Hinterbeinen.

Sind die Berührungen an den Beinen kein Problem mehr, kann das Pferd zum aktiven Fußballspieler werden.

S10 – Pferdefußball

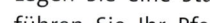

Legen Sie eine Stangengasse in Ballbreite und führen Sie Ihr Pferd ein- oder zweimal durch. Dann legen Sie der Ball in die Mitte der Gasse, führen das Pferd bis vor den Ball und lassen es davor halten. Wenn Sie es jetzt wieder losgehen lassen, achten Sie darauf, dass es dabei gerade bleibt. Durch das Beugen des Karpalgelenks beim Vorwärtsgehen wird der Ball ganz von alleine gekickt, wenn das Pferd wirklich gerade auf den Ball zugeht. Traut sich das Pferd nicht, auf den Ball zuzugehen und weicht immer zur Seite aus, legen Sie den Ball ein Stückchen weiter nach vorne. In dem Moment, wo das Pferd losgeht, rollt ein Helfer den Ball vor die Vorderbeine, dann klappt es meistens auch mit dem Kicken. Der Helfer sollte immer auf seinen Kopf aufpassen und sich nicht zu weit herunterbeugen. Hat das Pferd den Ball gekickt, loben Sie es überschwänglich.

Geht Ihr Pferd bedenkenlos an den Ball heran und kickt mit Begeisterung, können Sie sich mit anderen pferdigen Ballkünstlern in einem Fußballspiel messen. Sie brauchen einen ebenen Platz möglichst mit Randeinfassung, weil sonst der Ball ständig herausrollt. Eine Halle ist ideal. Bilden Sie zwei Mannschaften mit je 2–3 Spielern. Als Tore eignen sich je zwei Pylonen oder Autoreifen.

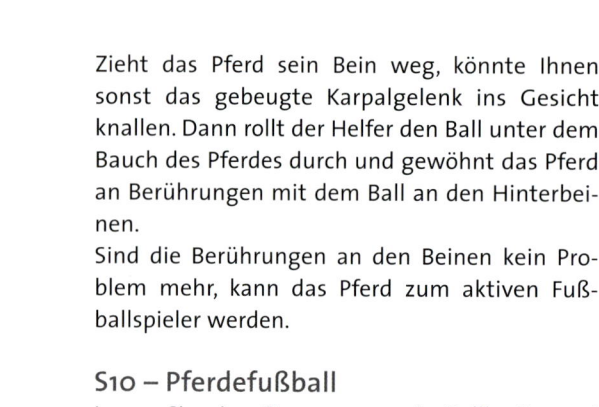

S11 – Der springende Panther

Zwei Helfer werfen sich über dem Rücken des Pferdes einen Ball zu. Das kann der große Gymnastikball oder ein kleiner Ball sein. Fliegende Sachen sind den meisten Pferden besonders unheimlich. Das Erbgedächtnis meldet blitzschnell, es könnte ein springendes Raubtier sein. Das Pferd sieht den fliegenden Gegenstand nur kurz auf der Seite, bevor er im toten Winkel über seinem Rücken verschwindet und auf der anderen Seite wieder auftaucht.

Für das Balltraining sollten Sie zu zweit und später zu dritt sein. Einer hält das Pferd, der andere den Ball. Das Pferd sollte den Ball vom Pferdefußball schon kennen und das dort beschriebene Kennenlerntraining durchlaufen haben. Lassen Sie es kurz an ihm riechen, und bewegen Sie den Ball am Boden hin und her. Der Helfer mit dem Ball stellt sich mit zirka drei Metern Abstand schräg vor das Pferd, so dass es ihn gut sehen kann. Er dribbelt den Ball ein paarmal auf den Boden. Dann wirft er ihn hoch über sich und fängt ihn wieder.

Hat sich das Pferd an das Flugobjekt gewöhnt, kommt der zweite Helfer dazu. Beide Helfer stellen sich schräg vor dem Pferd mit zirka fünf Metern Abstand auf und werfen den Ball hin und her. Bleibt das Pferd entspannt, können die Helfer immer näher kommen und sich dabei weiter den Ball zuwerfen (Bilder unten).

Bleibt das Pferd gelassen, stellen sich die Helfer rechts und links des Pferderückens auf und reichen sich den Ball über dem Rücken hin und her. Dabei den Ball ruhig mal über den Pferderücken rollen lassen. Nun gehen sie langsam rückwärts vom Pferd weg und werfen sich dabei den Ball mit möglichst ruhigen Bewegungen zu. Hat das Pferd gelernt, dass es dabei keine Angst zu haben braucht, steht einem zügigen Ballwechsel aus größerer Entfernung nichts mehr im Weg!

Ein ängstliches Pferd wird einige Trainingstage brauchen, bis es den »springenden Panther« über sich geduldig erträgt. Erwarten Sie nicht zu viel auf einmal, und beenden Sie diese Übung wie alle Schreckübungen lieber in einem frühen Stadium mit einem Erfolgserlebnis, als das Pferd solange mit immer mehr Reizen zu überfluten, bis es in die Panikzone gerät und nicht mehr lernfähig ist.

Variation: Besenpolo

Sie brauchen einen leichten Besen oder einen Golf- oder Hockeyschläger und einen kleinen Ball. Der Ball wird mit dem Besen in ein Tor geschossen oder um Pylonen herum dirigiert. Das Pferd sollte schon an rollende Bälle gewöhnt sein (siehe »Ballgewöhnung«). Pferde, die viel Respekt oder Angst vor der Gerte haben und damit auch vor dem Besen oder Schläger, können Sie als Vorübung mehrmals mit der Gerte am ganzen Körper abstreichen (siehe Kapitel 4). Dann zeigen Sie dem Pferd den Besen und fangen an, ihn langsam neben seinem Körper vor- und zurückzubewegen. Akzeptiert es die Bewegungen, kann das Match beginnen.

S12 – Regenschirm

Ein Klassiker aus dem Gruselkabinett für Pferde: Ein Reiter ist auf dem Turnierplatz in einer Dressurprüfung unterwegs. Plötzlich beginnt es zu regnen und die Zuschauer spannen ihre Regenschirme auf. Das Pferd springt vor Schreck zur Seite und ist nur völlig verspannt zum Weitergehen zu bewegen. Die Prüfung ist natürlich gelaufen. Der Reiter beschließt, an der Regenschirmgewöhnung zu arbeiten (Bilder S. 82): Zeigen Sie Ihrem Pferd den geschlossenen Schirm von seitlich-vorne. Es darf schauen und ihn mit

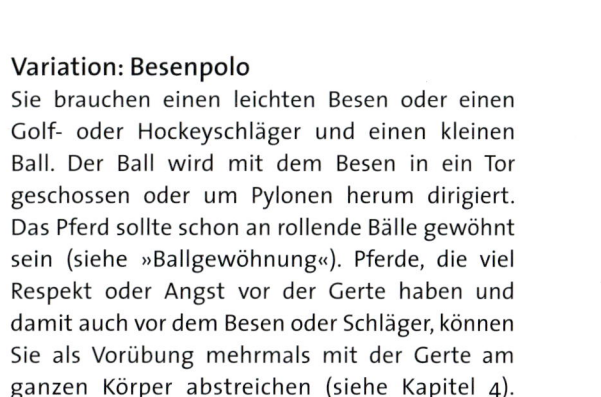

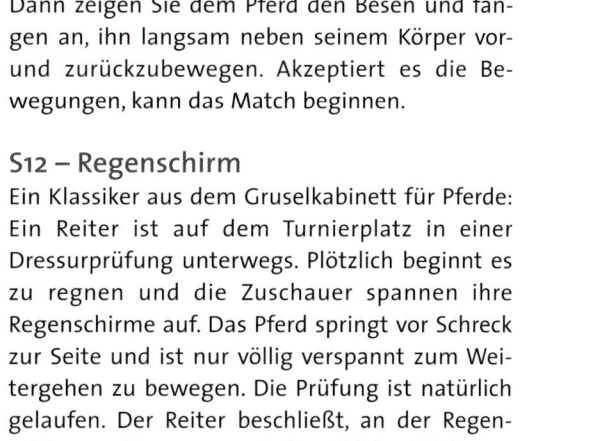

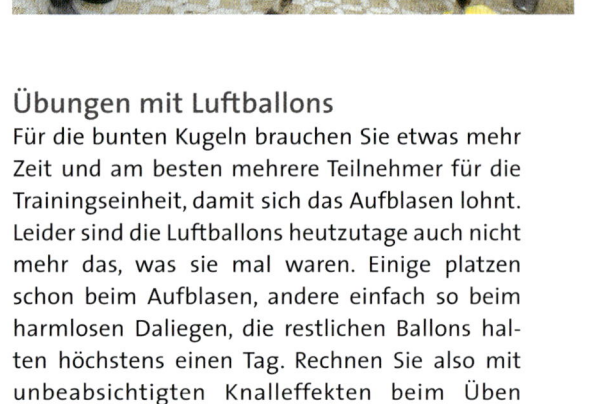

Regenschirm-Training

der Nase untersuchen. Bleibt es ruhig, lassen Sie einen Helfer den Schirm in ca. 2 m Entfernung langsam öffnen. Dann gehen Sie mit Ihrem Pferd zum geöffneten Schirm und lassen es wieder schauen und schnuppern. Jetzt geht der Helfer mit dem geöffneten Schirm ums Pferd herum und kommt dabei immer näher, bis sich das Pferd damit berühren lässt. Dann stellt sich der Helfer wieder schräg vor das Pferd und schließt und öffnet den Schirm mehrmals hintereinander in steigender Geschwindigkeit. Zuckt das Pferd bei jedem Öffnen des Schirms zusammen, ignorieren sie das und machen einfach weiter. Die Anzahl der Wiederholungen bringt die Gewöhnung! Fängt das Pferd massiv an zu zappeln oder versucht zu flüchten, lassen Sie es kurz hintereinander einige Gehorsamkeitsübungen wie Losgehen, Anhalten, Kopfsenken, einige Schritte rückwärtsgehen machen, damit es sich wieder auf Sie konzentriert. Denken Sie daran, wenn das Pferd sich aufregt, dürfen Sie es auf keinen Fall streicheln oder ihm gut zureden, sonst wird es für sein falsches Verhalten bestätigt. Loben Sie es lieber, wenn es zuhört und sich auf Sie statt den Schirm konzentriert.

Übungen mit Luftballons

Für die bunten Kugeln brauchen Sie etwas mehr Zeit und am besten mehrere Teilnehmer für die Trainingseinheit, damit sich das Aufblasen lohnt. Leider sind die Luftballons heutzutage auch nicht mehr das, was sie mal waren. Einige platzen schon beim Aufblasen, andere einfach so beim harmlosen Daliegen, die restlichen Ballons halten höchstens einen Tag. Rechnen Sie also mit unbeabsichtigten Knalleffekten beim Üben (Bilder Seite 83).

S13 – Luftballonsee

Legen Sie ein Stangenquadrat mit gekreuzten Stangen, damit die Stangen etwas höher liegen, und die Luftballons nicht so schnell herausgeweht werden. Wenn Sie die Luftballons vor dem Aufblasen mit etwas Wasser füllen, bleiben sie bei Wind besser liegen. Sie können die Ballons auch mit Strickwolle zusammenbinden, die notfalls reißt.

Gewöhnen Sie das Pferd zuerst mit dem üblichen Kopfsenken, Anschauen- und Beschnuppernlassen an einen einzelnen Luftballon. Dann legen Sie einige Luftballons so in das Stangenquadrat, dass in der Mitte eine luftballonfreie Gasse bleibt. Anfangs reichen wenige Luftballons, später können Sie das ganze Quadrat ausfüllen, wenn Sie genug Puste oder einen Kompressor haben.

S14 – Luftballonregen
Ein Helfer schüttet von einem erhöhten Standplatz aus einen Bottich oder Sack mit Luftballons über dem Pferd aus.
Vorübung: Das Pferd an einzelne herumfliegende Luftballons gewöhnen.

S15 – Grauenvolle Geräusche
Pferde reagieren sehr unterschiedlich auf Geräusche. Manche stört buchstäblich gar nichts, andere drehen schon beim leisen Brummen der Schermaschine völlig durch.

Bei echten *Panikern* hilft nur langwierige Desensibilisierung. Lassen Sie zum Beispiel möglichst oft und lange die Schermaschine in einigen Metern Entfernung laufen, während Sie das Pferd putzen. Tun Sie so als ob nichts wäre, ignorieren Sie Panikanzeichen und verlangen Sie, dass das Pferd stillsteht und sich auf Sie konzentriert. Bleiben Sie geduldig: Meine Islandstute brauchte einen ganzen Winter lang, bis sie sich an das Geräusch des Wasserkochers in der Nähe des Putzplatzes gewöhnt hatte.
Mag das Pferd keine *Sprühgeräusche*, füllen Sie Wasser in eine Blumenspritze und sprühen in einiger Entfernung vom Pferd in die Luft. Es kann einige Tage bis Wochen dauern, bis das Pferd das Zischen akzeptiert.
Sehr nützlich als Vorbereitung auf Sylvester und »Möchtegerncowboys« an Fasching kann ein *Knalltraining* sein. Die »Schussfestigkeit« bringen manche Pferde von Natur aus mit, andere lernen

es wohl nie und leiden an jedem Jahreswechsel aufs Neue. Zum Üben können Sie zum Beispiel Luftballons an einer Holzwand aufhängen und mit Dartpfeilen darauf schießen oder Sie besorgen sich eine Spielzeugpistole.

Vorübungen zum Verladen

Hauptprobleme beim Verladen:
■ Pferde sind keine Höhlentiere und bekommen Angst, weil sie im Hänger ihre Umgebung nicht sehen können.

■ Pferde mögen keinen wackligen Untergrund, der auch noch hohl klingt und vielleicht einbrechen könnte.

■ Die Pferdebesitzer machen zu viel Druck oder haben selbst Angst und strahlen Unsicherheit aus.

■ Das Pferd hat bei früheren Verladeaktionen bzw. Hängerfahrten schlechte Erfahrungen gemacht.

■ Das Pferd hat Koordinationsprobleme und hat Angst, sich auf dem engen Raum wehzutun oder Schwierigkeiten, auf der steilen Rampe Bein für Bein an den richtigen Platz zu setzen.

Neben einem klaren Leittier-Status des Menschen helfen Schritt-für-Schritt-Koordinationsübungen zum Beispiel mit Stangen und die Gewöhnung an die verschiedenen Schrecknisse eines Hängers in einzelnen Übungen:

S16 – Planengasse
Durch die Planengasse machen Sie Ihr Pferd mit Engstellen und flatternden seitlichen Begrenzungen vertraut. Beginnen Sie mit einer Wand: Legen Sie eine Stange auf die höchste Einstellung zwischen zwei Springständer. Über die Stange kommt eine Plane, die oben und unten so festge-

Planengasse mit einer Plane und anschließend mit zwei Planen.

bunden wird, dass Sie nicht herunterwehen kann. Hat das Pferd extreme Angst, fangen Sie mit einer so niedrigen Planenwand an, dass das Pferd noch darübergucken kann. Am flexibelsten ist es, wenn zwei Helfer die Plane hochhalten. So kann man ganz niedrig beginnen und die Plane vor jedem Durchgang ein Stückchen höher nehmen.

Gehen Sie anfangs zwischen dem Pferd und der Planenwand, damit das Pferd vor der Plane ausweichen kann. Nach der Gewöhnungsphase

Merkbox Planengasse

Gewöhnung an enge, flatternde Wände in einer Planengasse
Material: Vier Springständer, zwei Stangen, zwei Planen oder zwei große Decken alternativ zu den Springständern: vier ausdauernde Helfer mit guter Armmuskulatur
Vorübungen: Pferd an die Plane gewöhnen (siehe Planentraining)
Übungen: Gewöhnen Sie das Pferd zuerst an eine »Wand«, bevor Sie die zweite Wand dazunehmen
Ziel: Pferd geht ruhig und gelassen durch eine Gasse aus zwei eng aufgebauten »Wänden«, kann problemlos und ohne Stress anhalten und rückwärts gehen
Variationen: schwieriger: Helfer bewegen eine Planenwand auf das Pferd zu, bis sie es berührt

kommt die zweite Wand dazu, anfangs noch in größerem Abstand. Als Steigerung können Sie später noch ein Gassen-L oder Gassen-U bauen, dann gewöhnt sich das Pferd daran, auf eine Wand zuzugehen und rückwärts aus der Gasse herauszutreten.

Bretterboden/Brücke

Machen Sie das Pferd mit hohl klingenden Bodenbrettern vertraut (siehe S7 Brücke). Funktionieren beide Übungen einzeln, können Sie Planengasse und Brücke kombinieren.

S17 – Hängergewöhnung

Haben Sie einen Hänger zur Verfügung, können Sie ihn in den normalen Alltag einbauen und so zur Selbstverständlichkeit machen. Parken Sie zum Beispiel den Hänger einige Tage neben dem Paddock. Binden Sie das Pferd zum Putzen am Hänger an (dazu muss er am Auto angekuppelt sein!). Machen Sie Bodenarbeitsübungen um den Hänger herum. Klappen Sie die Rampe herunter und füttern Sie das Kraftfutter in einem Eimer, der auf der Rampe steht. Der Eimer wandert alle paar Tage ein Stück weiter nach oben und in den Hänger hinein.

Geeignete Orte für das Verladetraining:
Ideal ist ein ruhiger Ort mit geschlossenem Hoftor, kein Verkehr, keine Ablenkung, keine herumstehenden landwirtschaftlichen Maschinen oder andere Geräte, von denen Verletzungsgefahren ausgehen. Nutzen Sie örtliche Gegebenheiten, die beim Verladen helfen, wie seitliche Begrenzung durch eine Wand oder Wege mit Gefälle, so dass die Rampe weniger steil steht.

Die Selbstsicherheit des Menschen, der das Pferd in den Hänger führen soll, ist entscheidend und seine Überzeugung, dass das Pferd hineingehen wird. Stellen Sie sich vorher bildlich vor, wie das Pferd ruhig und souverän in den Hänger einsteigt (siehe Kapitel 2, »Mentales Training«).

Bleiben Sie geduldig, auch wenn Sie und Ihr Wurzeln schlagendes Pferd zwei Stunden im strömenden Regen vor dem Pferdehänger stehen. Das ist mir mit meiner Islandstute genau einmal passiert. Danach dauerte es nie länger als 5 Minuten, bis sie einstieg, inzwischen läuft sie frei auf Fingerzeig hinein. Lächeln Sie und freuen Sie sich, dass Sie diese Aufgabe jetzt aktiv angehen und lösen und bald mit Ihrem Pferd zu den schönsten Orten fahren können!

8 Variationen im Gelände

9 Wettbewerbe am Boden

9. Wettbewerbe am Boden

Nach einigem Üben klappt auf dem heimischen Platz alles super und Sie möchten Ihr Pferd auf einem Wettbewerb vorstellen? Auch für ein geführtes Pferd gibt es vielfältige Angebote, zum Beispiel bei Veranstaltungen der VFD (Vereinigung der Freizeitreiter und -fahrer Deutschlands) und anderer Verbände oder auf privaten Reiterhöfen. Immer mehr Reitvereine ziehen nach und bieten sogenannte »breitensportliche Veranstaltungen« an. Die Deutsche Reiterliche Vereinigung hat mit der neuen »Wettbewerbsordnung für den Breitensport« (WBO) viele Ideen für Ausschreibungen vorgegeben.

Aus der Vielzahl der Möglichkeiten sind hier zwei häufig angebotene Prüfungen kurz beschrieben:

Showmanship at Halter
EWU/AQHA/DQHA

Bei Showmanship-at-Halter-Prüfungen der EWU (Erste Westernreiter Union Deutschland) können Pferde jeder Rasse (ab 4 Jahre) teilnehmen, bei den Quarter-Horse-Verbänden nur Pferde dieser Rasse. Der Vorsteller wird bewertet, das Pferd stellt das »Objekt« dar, an dem der Teilnehmer seine Fähigkeiten, ein Pferd an der Hand vorzustellen, demonstrieren soll.

Es wird gerichtet nach:
1. Vorstellen des Pferdes: Gesamtbild, Pflegezustand/Sauberkeit, Zubehör/Ausrüstung.
2. Erscheinungsbild des Vorstellers: Kleidung und Auftreten, Vorführen des Pferdes in der Bahn, Vorführung in der Bewegung, Vorführung im Stand, Aufmerksamkeit und Verhalten.

3. Harmonisches Zusammenwirken von Vorsteller und Pferd.

Der Pferdeführer durchläuft mit seinem Pferd eine Einzelaufgabe (Pattern), in der folgende Manöver vorkommen können:
- Führen des Pferdes im Schritt, Trab oder verstärktem Trab
- Rückwärts: gerade oder im Bogen
- oder eine Kombination aus geraden und gebogenen Linien
- Halt
- Drehung um 90°, 180°, 270°, 360° nach rechts
- Drehung bis 90° nach links
- Aufstellen zur Inspektion (Set-up)

Der Vorsteller führt auf der linken Seite des Pferdes. Das Pferd befindet sich mit dem Bereich von Kopf und Hals in Höhe der Schulter des Vorstellers. Der Vorsteller hält die Führleine (Strick oder Leder) in der rechten Hand und das Ende zusammengerollt in der linken.[12]

Die Geführte Gelassenheitsprüfung (GHP)

Die geführten Gelassenheitsprüfungen GHP I und GHP II wurden als Gemeinschaftsaktion von der Pferdesportzeitschrift CAVALLO und der Deutschen Reiterlichen Vereinigung (FN) entwickelt.[13]
Teilnehmen können Pferde aller Rassen, die mindestens drei Jahre alt sind. Für den Pferdeführer gibt es keine Altersgrenze. Er muss sein Pferd an der Hand beherrschen und die körperliche und geistige Mindestreife besitzen.[14]

Bei beiden Gelassenheitsprüfungen wird ein Parcours mit zehn vorgeschriebenen Aufgaben aufgebaut, die Situationen nachempfunden wurden, wie sie dem Pferdesportler täglich begegnen können. Aufgaben aus der GHP I sind zum Beispiel Vortraben an der Hand, Stangenkreuz, Aufsteigende Luftballons hinter einer Hecke, Rückwärtsrichten, Plane und Rappelsack. Die Geführte GHP II enthält anspruchsvollere Aufgaben, zum Beispiel die Klapperkarre, der Stan-

genfächer, das Hufebaden in Eimern, das Rückwärts-L und die Plane über dem Rücken.

Bei diesem Wettbewerb steht nicht die sportliche Leistung im Vordergrund, sondern der Charakter, das Vertrauen und die Erziehung des Pferdes – eben seine Gelassenheit. Die Aufgaben erfordern ein gehorsames, gelassenes, zur Mitarbeit bereites Pferd, das Vertrauen zu seinem Pferdeführer bzw. Reiter hat.[15]

GHP I

[12]*http://www.westernreiter.com/pdfs/Regelbuch-2-Web.pdf*
[13]*http://www.pferd-aktuell.de/Doc-..17608/doc.htm*
[14]*http://www.pferd-aktuell.de/Anlage29827/GHPBroschuere.pdf*
[15]*http://www.pferd-aktuell.de/Doc-..17608/doc.htm*

Verzeichnis der Hindernisse und Übungen

(alphabetisch geordnet)

Literaturverzeichnis

http://www.horstbison.de/html/die_stammes-geschichte_des_pfer2.html

http://www.reitereck-ansbach.de/html/pferde-kunde.html

Die Aufgaben der GHP I:
http://www.pferd-aktuell.de/Anlage29827/GHPBroschuere.pdf

Danksagung

Dieses Buch wäre ohne die Hilfe vieler Reiter-
freunde niemals zustandegekommen! Ich möchte all jenen danken, die mich dabei unterstützt
haben:

Peter Wiesenfarth, unser Fotograf, der an vielen
Terminen mit großer Geduld auch noch die fünf-
te Wiederholung einer Übung aus einer weiteren
Perspektive aufnahm. Marco Regler für die vielen
schönen Bilder des ersten Fotoshootings und
Holger Lange für genau das eine passende Bild
für eine Kapitelüberschrift.

Die Akteure:
Yvonne Regler und Skolli
Ulrike Markert und Muscat
Laurent Francier und Frankie
Sabine Haag und Filou
Elke Hoffmann und Jacy Chex Enterprise
Robert Hoffmann und Jay Jacs Khan
Fritz Schwille und Insahby
Ingrid Schwille und Carino
Isabell Ulbrich und Diva
Anita Wiesenfarth und Nadiah
Holger Lange
Franziska Zahn

Die Reitplätze:
Familie Bazlen, Tannenhof, Metzingen
Reiterkameradschaft Sondelfingen
Familie Schwille, Schwillehof, Ödenwaldstetten
Familie Stoll, Stollhof, Pfullingen
Familie Wiesenfarth, Stutenhof Wackerstein,
Pfullingen

Ich danke ganz besonders
meiner Reitlehrerin Barbara Heilmeyer für fast 20
Jahre effektiven und engagierten Unterricht und
für ihre Freundschaft.

meinem Partner Peter Buchwald für sein Ver-
ständnis für die vielen Stunden, die ich mit
Schreiben, Recherchieren und bei Fototerminen
verbrachte, obwohl wir eigentlich gerade bei der
Hausrenovierung waren.

Claudia König für ihr geduldiges und wohlwol-
lendes Lektorat.

Prof. Wolfgang Everts für die Durchsicht meines
Manuskripts.

meiner unvergessenen Sirky und meiner wun-
derbaren Sída und natürlich allen Pferden, die
mir so viel Glück schenkten und von denen ich
lernen durfte.

Urte Biallas
Juni 2009